D'EXPLOITATION RURALE

POUR

L'ALGÉRIE

PROPOSÉE

PAR LE Dr HERCULE VILLA RUSCA.

1858

UNE EXPLOITATION AGRICOLE

EN ALGÉRIE

PROPOSÉE

PAR LE Dr HERCULE VILLA RUSCA.

NOTIONS PRÉLIMINAIRES.

L'agriculteur intelligent qui foule pour la première fois le sol de l'Algérie est saisi d'une pénible surprise ; il s'étonne qu'un pays doté de tous les éléments physiques et naturels de prospérité, célèbre de toute antiquité pour sa fécondité prodigieuse, ait pu être fermé pendant tant de siècles aux progrès de la civilisation, et se soit dérobé jusqu'ici au regard vigilant de la spéculation, qui n'a su en tirer aucune ressource au milieu de tant de crises annonaires.

Les gouvernements à moitié sauvages qui se sont succédé dans ce pays avant l'occupation française, et qui faisaient consister leur force dans la barbarie et leur richesse dans la piraterie, peuvent expliquer en quelque sorte cet état de choses. Aujourd'hui, la surprise se change en commisération quand on voit l'humanité, pour arriver à une fortune que tout le monde désire, se jeter bien souvent dans la voie hasardeuse et hypothétique de la spéculation, consommant ses forces à combattre des rivaux, plutôt que de suivre une route plus égale, plus facile et plus sûre, seulement parce qu'elle est commune, lente, et qu'elle manque du prestige de l'inconnu.

L'armée française a importé forcément en Algérie, avec la civilisation moderne, certaines institutions militaires qui sont loin de favoriser le développement de la colonisation et de l'agriculture.

Cet état de choses, essentiellement provisoire, tend à s'effacer, et il est temps plus que jamais de songer à cueillir les fruits de la conquête civilisatrice.

Tant de forces productives inertes, tant de trésors cachés dans la terre qui n'attendent que la main de l'homme pour en sortir, ne rappellent-ils pas, au milieu de l'excessive rareté des denrées alimentaires, ce douloureux supplice de Tantale que les populations s'imposent à elles-mêmes?

Mais, dans ce pays, où l'on est saturé de tant d'entreprises industrielles, au milieu de tant de crises monétaires et commerciales, avec l'augmentation incessante du prix des denrées, l'esprit public commence à se préoccuper sérieusement des embarras de la situation; il tourne avec complaisance ses regards vers l'agriculture, trop négligée jusqu'à présent, espérant trouver en elle son ancre de salut.

La France verra s'ouvrir devant elle une ère nouvelle de prospérité; elle aura trouvé ses Indes le jour que, secouant l'inexcusable préjugé qui lui fait méconnaître ses richesses territoriales, pour peu qu'elles se trouvent loin du clocher de sa capitale, désillusionnée sur le compte de tant d'entreprises industrielles qui ne donnent que le prestige d'une rapide fortune, elle tournera ses regards et ses efforts vers la production territoriale, la seule qui alimente l'industrie manufacturière, et qui peut rendre le pays essentiellement riche. C'est dans le manque d'équilibre entre les capitaux directement consacrés à la production du sol et ceux employés par l'industrie, que l'on doit rechercher les causes des crises présentes.

Dans l'Afrique septentrionale, la France a un champ ouvert à son activité, à son intelligence et à un placement lucratif de ses richesses. Là sont réunis tous les éléments de prospérité pour une colonie agricole, et, si quelques sociétés déjà établies n'ont pas donné les résultats auxquels on s'attendait, c'est que la forme de leur constitution n'était pas bien adaptée au pays; elles portaient en naissant le germe de leur ruine : il y a eu beaucoup de théoriciens, mais peu de praticiens.

Dans le choix d'un territoire pour former un établissement agricole, on doit d'abord examiner tous les éléments et toutes les conditions qui peuvent concourir à son développement et à son bien-être. Toutes ces conditions se trouvent réunies en Algérie et peuvent se résumer en générales et en locales.

Parmi les premières, nous placerons en première ligne sa position topographique, commerciale et politique. En effet, elle est placée de manière qu'elle avoisine pour ainsi dire le centre de l'Europe et les nations les plus civilisées du monde; tandis que son commerce devient tous les jours plus assuré par la consolidation de la paix et de la domination française.

En second lieu, on doit remarquer l'avenir que lui promet sa population, qui va toujours en augmentant. Entourée de tous côtés par la civilisation, le progrès ne peut manquer d'y pénétrer et d'y porter ses fruits. L'Afrique septentrionale est dans de meilleures conditions que l'Amérique et que l'Australie, dont le développement est néanmoins si surprenant ! Un attrait éphémère , la soif de l'or , attira dans ces lointaines contrées le courant de l'émigration européenne , premier moteur de leur prospérité. Mais , aujourd'hui , les trois quarts environ des cinq cent mille émigrants que le vieux monde verse annuellement sur le nouveau continent n'abandonnent plus leur patrie que pour aller fertiliser de nouvelles terres. Quand l'Algérie sera connue, et elle le sera bientôt, l'émigration, qui maintenant doit vaincre tant d'obstacles et faire tant de sacrifices pour atteindre son but , n'aura plus à pourvoir qu'aux frais de voyage de l'ouvrier se rendant d'une province à une autre pour se procurer de l'ouvrage.

Attirer en Afrique le torrent de l'émigration, qui est encore dirigé sur l'Amérique et l'Australie , telle est et telle doit être la pensée constante du gouvernement. Combien d'artifices et de moyens subreptices l'Angleterre n'a-t-elle pas employés pour faire croire sur l'Australie ce qui n'existait pas, tandis qu'il suffirait de faire connaître la vérité sur l'Algérie?

Ce n'est pas une émigration purement française , mais une émigration européenne, qu'on pourra naturaliser française , qui changera la face de l'Algérie. Par une émigration purement française , on n'aurait qu'un déplacement de population : la mère - patrie perdrait d'un côté ce qu'elle gagnerait de l'autre. La vraie richesse d'un pays consiste dans l'augmentation du nombre des bras agricoles. Maintenant, la proportion des émigrants français sur l'émigration totale est de 8 sur 15 ; mais le progrès de la seule émigration française ne peut rivaliser avec celui de tous les autres pays réunis, et dans peu d'années il arrivera que l'élément français sera en minorité. L'émigration européenne porterait dans ce pays ce dont il a besoin : les bras et les capitaux.

Le décret de concession des chemins de fer sera l'étincelle qui allumera le flambeau de l'industrie agricole dans ce pays vierge et prédestiné au plus brillant avenir.

Parmi les conditions locales, on doit considérer :

1° Le *climat.* — C'est le plus doux et le plus salutaire qu'on puisse imaginer , et le plus favorable non-seulement à la salubrité de l'homme , mais encore au développement des différentes cultures. Par sa latitude, l'Algérie peut être considérée comme un pays intermédiaire et de transition entre le tropique et le nord. En effet, la flore algérienne est la plus riche du monde : les produits européens, tels que le blé, le maïs, le lin , la vigne, le mûrier, etc., y prospèrent à côté des produits tropicaux : le tabac, le coton, la cochenille, la canne à sucre, etc., etc.

2° Le *terrain.* — L'étymologie du mot *Afrique,* qui, en langue phénicienne, signifie épi, vient constater la renommée proverbiale de fécondité dont a toujours joui ce pays dès les temps les plus reculés. C'est à peine si l'on peut croire aux exemples que l'on cite de prodigieuse végétation ancienne et moderne. Une visite à l'Exposition des produits algériens pourra suffire pour en donner une idée.

3° L'*eau*. — L'eau et le soleil sont l'âme de la végétation. Dans le choix d'un terrain pour un établissement agricole, il est plus nécessaire de se préoccuper de l'eau que de la nature du sol.

L'Algérie manque généralement d'eau; mais, hâtons-nous de le dire, ce manque n'est qu'apparent.

L'irrigation serait très essentielle dans ce pays pour augmenter le nombre des récoltes et la quantité des produits, tout en les garantissant contre la sécheresse d'un climat brûlant.

La nature du terrain est plus ou moins bonne partout en Algérie; aussi, par un usage intelligent des engrais et des amendements et par un assolement bien raisonné, est-on sûr de parvenir à le rendre meilleur là où il peut laisser à désirer; mais, sans l'irrigation, l'agriculteur doit se borner à un genre de culture restreint et imparfait, au grand détriment de la science pratique et de la spéculation.

Les montagnes étant très rapprochées de la mer, les fleuves parcourent un espace trop court pour pouvoir grossir au point de suffire à l'absorption et à l'évaporation estivale, ainsi qu'à l'alimentation des canaux d'irrigation. Dans les grandes chaleurs, ces fleuves sont à sec ou ne conservent qu'une très faible quantité d'eau. Il faut les considérer plutôt comme des torrents que comme des rivières.

Nous avons dit qu'en Algérie le manque d'eau n'est qu'apparent. n effet, si, comme nous venons de le dire plus haut, il n'existe pas dans ce pays de fleuve considérable, ni de grands réservoirs d'eau, des recherches minutieuses nous ont parfaitement démontré que nulle part les sources souterraines ne sont ni plus abondantes, ni moins profondes. Elles se rencontrent partout, et principalement dans les grandes plaines, comme celle de la Metidja.

Or, rien n'est plus facile que d'utiliser cette force fécondante par des moyens qui sont depuis longtemps adoptés en d'autres pays. Il s'agit simplement d'attirer à la surface l'eau qui git improductive dans les entrailles de la terre (1).

(1) Présentement, les colons algériens ne possèdent d'autre moyen pour arroser leurs terrains que les norias. Ce système nous paraît tellement mesquin, individuel, restrictif et dispendieux, que nous espérons le voir bientôt disparaître pour faire place à des mesures plus générales et à des systèmes plus avantageux, tels qu'on les pratique ailleurs et notamment en Lombardie.

Nous allons examiner le système des norias et le système pratiqué en Lombardie.

Le noria n'est autre chose qu'une espèce de puits d'une petite profondeur sur lequel on adapte une machine qui fait monter l'eau. La machine est mise en mouvement par un cheval qui tourne continuellement.

Dans les seuls environs d'Alger, on compte plus de six cents norias; leur prix de revient est de 800 à 1,000 fr. chacun, sans compter l'entretien du cheval.

L'eau qui découle d'un noria, lorsqu'il existe un réservoir suffisant,

4° *La main-d'œuvre*. — Tandis qu'elle abonde en Suisse, en Espagne et en Italie, la main-d'œuvre se soutient à un prix assez élevé

peut suffire à peine à deux hectares de terrain et elle est complétement absorbée.

En Lombardie, on procède de la manière suivante :

On commence par chercher les sources souterraines à deux, trois, et jusqu'à dix kilomètres de distance des terrains que l'on veut faire profiter de l'irrigation. Après avoir procédé au nivellement pour constater la pente du terrain, on forme une excavation carrée, dite tête de fontaine (*testa della fontana*), assez grande pour mettre à découvert un nombre suffisant d'œils de source (*occhi di sorgente*). Ceux-ci sont garantis par des tonneaux couverts et percés d'un côté, de manière à laisser s'écouler l'eau jaillissante. Ensuite on construit un canal qui, partant de l'excavation, conduit les eaux jusqu'aux terrains arrosables, dont le niveau est inférieur à la tête de la fontaine.

Le prix de revient d'une fontaine ordinaire dépend principalement de la distance plus ou moins grande qu'on a dû parcourir pour rencontrer la source, et peut s'évaluer en moyenne de 5 à 6.000 fr. Ce prix se trouve représenté par la valeur du terrain occupé par la tête de la source et le canal, par les frais de déblai et par le prix des tonneaux (35 fr. chaque tonneau).

Une fontaine ordinaire peut facilement fournir un cours d'eau continu d'environ trois onces d'eau (mesure milanaise). Une once d'eau est représentée par une ouverture placée à quatre onces au-dessous du niveau de l'eau, de trois onces de hauteur et de quatre de longueur. L'once milanaise équivaut à cinq centimètres.

Trois onces d'eau peuvent servir à l'irrigation de quatre hectares par une première expansion. Les écoulements de ces quatre hectares sont ensuite déversés sur le terrain contigu d'une contenance moindre, par exemple de trois hectares et demi. L'absorption varie entre un quinzième et un dix-huitième.

En admettant, pour maximum, une journée tout entière d'immersion, un propriétaire pourrait arroser en sept jours, cinquante hectares : cette immersion étant plus que suffisante à la végétation pour un espace de quinze jours, moyennant un règlement d'eau convenable, on obtiendra d'une seule fontaine ordinaire une quantité d'eau suffisante pour cent hectares, sans compter que les écoulements de ces cent hectares pourront successivement être utilisés, et ainsi de suite.

La dépense de construction des fontaines est supportée par les premiers propriétaires jouissant du cours d'eau que l'on a établi, dont la source est inépuisable et peut conséquemment continuer jusqu'à la mer. Ces propriétaires vendent, après s'en être servis, les écoulements de leurs terrains aux propriétaires placés au-dessous d'eux, de manière qu'en fait, la dépense de construction d'une fontaine se trouvera constituée par les différences respectives des ventes et des achats effectués par tous les propriétaires qui se seront succédé dans la jouissance du cours d'eau.

Que l'on considère maintenant les avantages de ce système qui forme la richesse d'une contrée tout entière, comparé au système des norias, dans lequel toute la dépense est supportée par un seul propriétaire et pour deux seuls hectares de terrain, et l'on pourra facilement se convaincre que les norias ne peuvent convenir qu'à la petite culture, et pour les terrains élevés, où la difficulté du nivellement rend impraticable le système lombard.

Il résulte de ce que nous venons d'exposer que, considéré dans son ensemble, le système lombard est beaucoup moins dispendieux. Avec le capital de 600.000 fr. qu'on a employé en norias pour l'irrigation de douze mille hectares dans les environs d'Alger, on aurait pu obtenir, par le système lombard, un cours d'eau suffisant à l'irrigation de la moitié de la plaine de la Metidja, où les sources sont très fréquentes et le nivellement extrêmement facile. Dans la Lombardie, les propriétaires font des dépenses énormes, qu'ils trouvent encore profitables, pour arroser leurs terres, et chaque propriété possède ses canaux et ses fontaines d'irrigation à une distance plus ou moins rapprochée. Pourquoi la même chose ne serait-elle pas pratiquée en Algérie ? Toutes les propriétés, depuis Bouffarik jusqu'à l'Oued-Tamis, pourraient posséder leur irrigation dont la tête serait en Algérie. Il est pourtant constaté que les laboureurs, dans les pays sus-indiqués, sont habitués à se transporter d'une province à l'autre à la recherche du travail.

Dans des conditions plus avantageuses, pourquoi ces laboureurs ne se rendraient-ils pas en Algérie, si le temps nécessaire pour le trajet, par les facilités qui leur sont données par le gouvernement, ne dépasse pas le temps qu'ils emploient à se transporter d'une province à l'autre ?

Si le laboureur préfère se rendre dans les provinces voisines, c'est qu'il y est attiré par un parent ou un ami, qui connaît déjà le pays, et sait pouvoir lui procurer tout de suite du travail. La crainte de perdre le peu de ressources qu'il porte avec lui avant de se placer et d'être exposé au chômage l'empêche de prendre une autre direction. Pour l'attirer en Algérie, où il trouverait un sort meilleur, il ne faudrait qu'une main amie pour lui indiquer le but et un conducteur fidèle pour le guider (1).

à l'est de Bouffarik. Le lac Alloula fournirait l'eau jusqu'au Mazzafran et à Oued-Alleg, et avec les sources qui coulent dans les environs de Arba et de Fondouk, on donnerait une vie nouvelle au territoire de la Maison-Carrée, Rassanta, Reghaja, etc.

(1) Les dépôts de colonisation qui existent déjà en Algérie, ne donnant aux colons qu'une hospitalité de quelques jours, ne peuvent offrir au pauvre émigrant qu'un soulagement insuffisant et précaire.

Nous voudrions que dans chacun des points de débarquement (Philippeville, Alger, Oran), il fût établi une grande exploitation rurale, entretenue par le gouvernement.

Le but de ces établissements devrait être d'employer les émigrants dès leur arrivée, pendant deux ou trois mois, jusqu'à ce qu'ils aient pu trouver à s'arranger ailleurs avec les avantages qui leur sont dus, et faire place à ceux qui leur succéderaient.

Des agents, envoyés par le gouvernement ou par une compagnie anonyme formée *ad hoc*, devraient parcourir l'Allemagne, la Suisse, l'Italie et l'Espagne, afin d'embaucher des laboureurs probes et de bonne volonté, à des conditions déterminées à l'avance.

A l'étranger, on devrait donner la plus grande publicité possible aux conditions faites aux émigrants. Ces conditions, constituant le principal attrait pour déterminer le laboureur à s'expatrier, devraient consister principalement dans la certitude de trouver un travail lucratif, dans le transport gratuit, et dans les facilités accordées pour son retour, qui devra être également gratuit, dès que la durée de son séjour dépassera un temps fixé.

Un seul agent pourrait effectuer en Suisse et en Italie, eu égard surtout à la triste situation de ce dernier pays, un mouvement de presque mille émigrants par mois, qu'il enverrait aux établissements agricoles.

Remarquons que le tiers de cette population passagère finira par se fixer définitivement dans le pays, et sera exclusivement composé de laboureurs honnêtes et actifs, élément précieux de colonisation qui n'aura rien coûté au gouvernement.

La période de temps que le colon demeurera à l'établissement gouvernemental sera pour lui une espèce d'apprentissage et comme un temps d'essai, après lequel il devra décider s'il lui convient de rester en Afrique ou de rentrer dans ses foyers.

Un propriétaire d'Alger exploita un vaste domaine et y établit des bâtiments importants rien qu'en mettant à profit la main-d'œuvre des colons qui, au moment de leur arrivée, ne connaissant pas le pays, ne sachant où s'adresser et craignant de consommer leurs ressources, acceptaient des conditions très peu avantageuses, et travaillaient même pour leur simple nourriture, jusqu'à ce qu'ils eussent pu se procurer un travail plus profi-

5° *Débouché des produits.* — Le débouché prompt et assuré des produits n'est pas seulement un attrait, mais une véritable nécessité pour l'agriculteur. Généralement, c'est à peine si celui-ci peut soutenir les dépenses journalières jusqu'à la récolte ; toujours est-il qu'il compte sur elle pour se procurer les moyens de continuer ses travaux.

Le gouvernement, en établissant les bureaux d'achat, fit disparaître un des soucis les plus graves du cultivateur algérien ; leur utilité est assez connue, et l'impulsion qu'ils ont donnée à tous les genres de culture a été telle que, pour quelques-uns, par exemple le tabac, on a dû limiter les achats.

Les moyens de communication qui se multiplient tous les jours, et la concurrence des commerçants qui sont en majorité dans le pays doivent rendre l'agriculteur parfaitement tranquille sur le débouché de ses produits.

EXPLICATION DU SYSTÈME.

Après avoir exposé ces quelques idées succinctes et générales pour servir à ceux qui ne connaissent pas l'Algérie, et après avoir constaté que ce pays réunit toutes les qualités qui sont demandées pour la prospérité de l'agriculture, si nous réussissons à prouver qu'il serait possible de rendre en Algérie les conditions d'un exercice rural égales à celles des autres pays, il nous sera aisé de démontrer les avantages exceptionnels résultant d'une exploitation agricole, établie dans un pays où le prix d'acquisition des terrains est presque nul.

De nombreuses sociétés agricoles se sont formées en Algérie. Plusieurs ont complétement échoué ; d'autres sont bien loin de prospérer. Nous trouvons la cause de ce désastreux résultat dans la mauvaise constitution de ces sociétés, dans leur inopportunité, en ce que la science pratique a fait défaut à la théorie, et surtout parce qu'elles n'ont pas su adopter une méthode d'exercice rural qui pût convenir aux besoins de cette contrée.

La méthode qui convient à l'Algérie est celle basée sur les conditions actuelles du pays, et pouvant surmonter tous les obstacles qui entravent l'exercice rural.

table. De cette idée basse et avaricieuse d'un particulier, le gouvernement, agissant sur une vaste échelle, à des conditions équitables et fixées d'avance, pourrait faire une mesure pleine de moralité, d'une grande utilité pour le pays et en même temps profitable à ses intérêts. Avec les bénéfices de ces exploitations, l'État pourrait pourvoir à toutes ces dépenses et même retirer un profit considérable.

On pourrait aussi établir à l'étranger, dans les pays qui peuvent fournir des bras, sous la garantie du gouvernement, des agences particulières, en rapport avec tous les propriétaires. Ceux-ci, suivant leurs besoins, donneraient aux agences des ordres d'engagement à des conditions fixes de temps et de salaire. Ce système est déjà suivi sur quelques points de l'Italie par l'entremise des agents consulaires.

Les sociétés industrielles sont basées sur des données plus ou moins rapprochées du vrai, sur des règles invariables, dont il n'est pas permis de s'écarter ; chaque détail est calculé d'avance d'une manière presque mathématique, et plus l'homme est réduit à l'état de machine, plus les prévisions du spéculateur ont des chances de se réaliser. Dans les sociétés agricoles, au contraire, tout dépend de l'intelligence du chef, de son économie dans la gestion et de la bonne foi des employés ; en conséquence, le champ reste ouvert à des gaspillages peu considérables, mais continus, cause de ruine certaine pour la société, si, dans sa constitution même, ou, pour mieux dire, dans sa manière d'exister et de fonctionner, elle n'a pas eu soin d'éviter ces difficultés.

Toutes les sociétés établies jusqu'à ce jour cherchèrent leurs moyens d'exercice dans les ressources du pays, en se bornant à y apporter des capitaux qui étaient bientôt épuisés.

La société de Sétif est la seule qui ait cherché au dehors les éléments de sa force productive : aussi est-elle la seule qui soit en voie de prospérité. Elle offre plusieurs points de rapprochement avec celle que nous avons conçue dans notre projet. L'intelligente direction qui la gouverne, la richesse de ses capitaux et l'esprit philanthropique qui l'anime lui assurent un avenir bien différent de celui qui fut réservé à ses devancières.

La Compagnie de Sétif offre à chaque émigrant une maison et 20 hectares de terrain contre le prix de 2,500 fr., pour une partie duquel elle accorde encore des facilités de paiement.

Quelles que soient ces facilités, il faut encore que l'émigrant soit en possession d'une certaine somme. Il ne faut pas oublier que celui qui émigre avec un capital est un spéculateur et non pas un colon. Pour celui-ci, ce n'est que la misère qui le force à abandonner son pays natal et à chercher l'aisance à l'étranger.

La Société de Sétif par conséquent, à cause de la nature de ses conditions, fait appel à de petits spéculateurs, avides de faire fortune, plutôt qu'à des colons qui doivent apporter le secours de leurs bras.

En effet, il en résulte que ce petit spéculateur, après avoir accepté les conditions avantageuses que la Société lui fait, trouve plus profitable à son intérêt de louer avec bénéfice la maison et le terrain qu'il vient d'acheter à un colon plus pauvre que lui, et d'aller exploiter ailleurs les prix plus élevés des journées de son travail. Il trouve généralement son terrain trop petit pour la fortune qu'il convoite, et son capital insuffisant au défrichement, à la plantation, à l'achat du cheptel, à son entretien et enfin à l'exécution de ses engagements envers la Société.

Il n'est pas exact de dire que la propriété est un appât pour l'émigration. Le seul, le véritable appât est la fortune, et la propriété n'est qu'un des moyens de l'acquérir. Pour le capitaliste et pour le spéculateur, la propriété peut être considérée comme un attrait qui les pousse à émigrer ; mais le colon et l'ouvrier préfèrent une fortune réalisée en espèces, qui leur permet de revenir riches et considérés dans leurs foyers, au milieu de leurs affections primitives. Par conséquent, la propriété qui le fixe indéfiniment à l'étranger et qui lui impose la triste nécessité de quitter pour toujours le village qui l'a vu naître, sera pour le laboureur un obstacle plutôt qu'un encouragement à émigrer. Il faut que l'émigrant soit libre de convertir la fortune acquise en propriété ou de l'emporter dans son pays natal.

Cette observation est très essentielle pour l'Algérie, qui ne souffre pas du manque de spéculateurs, mais du manque de bras pour l'agriculture. Nous nous expliquons par là comment les premiers concessionnaires, étant tous des spéculateurs, ne songèrent pas à cultiver leurs terrains. Les colons qui composaient la grande émigration suisse pour l'Australie étaient presque tous des laboureurs et des ouvriers, et c'est pour cela qu'ils ne s'engagèrent que pour une période de cinq années, et après avoir réglé d'avance leur travail et leur salaire.

Si vous voulez avoir des bras qui travaillent la terre, adressez-vous à de pauvres laboureurs et non pas à des capitalistes ; ne demandez pas d'argent, demandez du travail ; bref, ne vous proposez pas de vendre vos terrains, contentez-vous de les louer. Faites plus, n'exigez pas du colon les ressources indispensables à un fermier, fournissez-les-lui. Voilà ce qui pourra vous procurer une nombreuse émigration, de véritables travailleurs.

Il est d'ailleurs constaté que l'obstacle principal qui empêche les capitaux de s'associer à la formation des grandes entreprises agricoles est l'incertitude du rapport annuel du capital engagé, et la durée du temps qu'il faut attendre pour que les bénéfices soient considérables.

Cet obstacle serait surmonté si on louait les terres à des fermiers qui assureraient un prompt intérêt ; mais pour une Société qui possède une grande étendue de terrain tout en friche, ce système est impraticable ; dans les circonstances présentes, en Algérie surtout, où l'on manque d'argent et de bras. La Société sera donc obligée d'exploiter elle-même directement ses terres, avec les méthodes ordinaires d'exercice rural, dépensant une somme énorme pour le défrichement, une autre somme importante pour l'achat du cheptel et du matériel, devant posséder un fort capital roulant infructueux, courir les risques de la rareté ou de l'absence de bras pendant la récolte, attendre les bénéfices pendant longtemps, tout en dirigeant l'exploitation avec la plus coûteuse administration.

Voyons maintenant de quelle manière nous croyons pouvoir éviter ces inconvénients qui ruinent la spéculation, et sur quels éléments on peut asseoir une entreprise agricole, capable de faire la fortune du pays où elle s'établit, du spéculateur qui lui prête la force de ses capitaux et du laboureur qui lui prête son travail.

Pour mieux nous faire comprendre, nous supposons une Société fonctionnant avec un capital d'*un million de francs*, dont la moitié devra être remboursée dans le délai de dix années, sur une étendue de terrain de 5,000 hectares.

En réduisant ou en augmentant les proportions, le même système pourra s'appliquer à des capitaux moindres ou plus considérables.

Nous commençons par nous assurer la propriété des terres, qu'on peut obtenir de l'État par les moyens suivants :

1° Par concession gratuite aux conditions ordinaires : c'est-à-dire en s'engageant à défricher et à planter en cinq années le terrain obtenu et à servir à l'État une rente annuelle de 1 fr. par hectare.

2° Par concession conditionnée, en s'engageant par exemple à construire un certain nombre de maisons et à y transporter un nombre égal de familles européennes (1).

3o Par achat pur et simple. Cette méthode n'a été adoptée par l'État que dernièrement et seulement comme essai. Deux ventes ont été effectuées jusqu'à ce jour ; l'une dans la plaine de l'Habra et l'autre dans celle de la Métidja. Le résultat répondit à ce qu'on en attendait. La vente fut exécutée en petits lots et au prix moyen d'environ 100 fr. par hectare. Le payement de ce prix doit se faire en dix années, par dixièmes, en payant le 3 pour 100 sur la somme restant due.

Afin de donner la plus grande latitude à nos comptes préventifs, et pour rester autant que possible au-dessous du vrai, nous supposons que la Société, pour l'acquisition de ses 5,000 hectares, s'oblige vis-à-vis de l'État à l'établissement d'un centre de population de 100 familles européennes, au défrichement et à la plantation du terrain, et en outre au payement, dans le délai de dix ans et aux conditions ordinaires, de la somme de 250,000 fr. soit de 50 fr. par hectare.

(1) Par décret du 26 avril 1853, le gouvernement a concédé à la compagnie génevoise de Setif 20,000 hectares de terrain, à la charge par la compagnie d'y construire, dans le délai de dix années, dix villages, ayant cinquante feux chacun, pour servir à autant de familles européennes. A ces villages seront attribués 12,000 hectares qui devront se répartir entre les colons, et les maisons seront vendues au prix de revient. Le bénéfice de la compagnie de Sétif consistera dans les 8,000 hectares restants.

Par décret impérial du 24 juin 1854, il a été concédé à M. Demonchy, demeurant à Paris, un territoire de 2,672 hectares, situé dans la province d'Alger et comprenant l'ancienne ville romaine de Tipaza, à la charge par le concessionnaire de verser au trésor une somme de 20,000 fr. et de créer à ses frais un centre de population de cinquante feux pour autant de familles européennes.

Par décret du 8 août 1855, il a été fait concession, aux sieurs Dupuis Jules et Dupuis Jean, d'un terrain domanial d'une contenance de 600 hectares, dans le territoire de Ouela-Djibara, à la charge par lesdits concessionnaires de les mettre en culture et d'y planter vingt-cinq arbres de haute futaie par hectare, dans un délai de cinq années, de construire une maison de ferme avec dépendances et d'ouvrir un chemin carossable de 25 kilomètres, reliant Ouela-Djibara avec la route d'Oran.

Nous partageons ces 5,000 hectares en 100 lots, autant que possible de la même nature de terrain, de 50 hectares chacun.

Les lots seront donnés en bail à 100 familles de cultivateurs, dont la probité et l'activité doivent être reconnues.

Ces familles seront prises à l'étranger ; les avantages très importants, et jusqu'à ce jour sans exemple, que la Société leur fera, seront tels qu'ils provoqueront une concurrence sur laquelle on pourra faire un choix.

Chaque famille doit se composer de 5 membres actifs au moins.

Le bail sera fait pour dix années ; cependant, à la fin de la cinquième année, le colon pourra s'en aller si ses comptes envers la Société sont soldés.

Les contributions qui sont dues à la Société par les colons seront payées en nature, c'est-à-dire en blé, tabac, cocons, cotons, etc.

Pour faciliter l'intelligence de ce que nous allons exposer, nous prendrons le blé comme unité de valeur, ce produit étant généralement plus connu.

La contribution sera progressive. La première année, chaque famille payera à la Société 50 hectolitres de blé ou d'autres produits, pour une valeur égale. La deuxième année, elle payera 100 hectolitres, et 150 la troisième. Cette quantité restera invariable pour les années suivantes.

Nous aurons, par conséquent, un revenu de 5,000 hectolitres la première année, de 10,000 la deuxième et de 15,000 la troisième et les suivantes. Évaluant en moyenne 20 fr. un hectolitre de blé, nous aurons 100,000 fr. la première année, 200,000 fr. la deuxième et 300,000 fr. la troisième et les suivantes.

La possibilité, la facilité, ou pour mieux dire la certitude, qu'aura le colon du payement de la contribution, est le pivot principal sur lequel repose notre système. Nous allons démontrer de quelle manière nous parvenons à mettre le colon en mesure de payer la contribution, tout en réservant pour lui un bénéfice très important.

Nous partageons le capital social en deux parties égales de 500,000 fr. chaque.

Sur la première partie nous prenons 300,000 fr., que nous consacrons à la construction de 100 maisons rustiques, du prix moyen de 3,000 fr. chacune ; 50,000 fr. pour la construction du local devant servir à l'administration, et pour les travaux d'utilité commune, comme fontaines, puits, routes, etc. Les 150,000 fr. restants seront réservés aux améliorations du sol, comme travaux d'assainissement, d'irrigation, de plantation, etc., et les 100 familles jouiront, dans la même proportion, du bénéfice apporté par la dépense de cette somme.

Nous consacrons la deuxième partie du capital à ouvrir à chacune des 100 familles un compte courant de crédit jusqu'à concurrence de 5,000 fr.

Cette somme restera à la disposition du colon, pour l'achat du cheptel, matériel agricole, semences, anticipations, etc., bref, pour tout ce dont il pourra avoir besoin.

La Compagnie se réservera l'hypothèque légale sur tout ce qui est possédé par le colon, jusqu'à extinction complète de la dette du compte courant. Jusque-là, le colon devra se considérer comme simple dépositaire des effets mis sous séquestre.

En résumé, voilà l'emploi du capital social :

Construction de 100 maisons rustiques, à raison de 3,000 fr. chacune. . . . . fr. 300,000

Construction de la maison pour l'administration et des ouvrages d'utilité générale. . . . . fr. 50,000

Travaux d'assainissement, d'irrigation et de plantation, etc. . . . . fr. 150,000

Compte courant des colons. . . . . fr. 500,000

Total. . . . . . fr. 1,000,000

Le colon payera l'intérêt de 5 pour 100 par an, sur la dette qu'il aura contractée sur le compte courant.

Afin de lui accorder une plus grande facilité, pendant les premières années de sa location, il s'acquittera de l'intérêt progressivement et de la manière suivante : la première année, il ne payera pas l'intérêt, qui sera porté au compte capital ; la deuxième année, il payera 1 pour 100 et le reste sera porté au compte capital ; la troisième année, il payera le 2 pour 100 et le reste sera porté au compte capital ; la quatrième année, il payera le 4 pour 100 et le reste sera porté au compte capital ; la cinquième année, il payera le 5 pour 100.

Ce délai expiré, on commencera l'amortissement des comptes courants et, dans les cinq années suivantes, le colon devra éteindre sa dette à raison d'un cinquième par an.

Le personnel nécessaire à cette administration se réduit à deux personnes seulement : un directeur et un sous-directeur comptable.

On leur accordera sur place le logement, la nourriture et le combustible ; et afin que leur intérêt personnel soit entièrement lié à celui de la Compagnie, ils ne toucheront pas d'appointements fixes, mais ils seront intéressés à raison de 10 pour 100 aux bénéfices de l'entreprise. Sur ce 10 pour 100, les 3/5e seront attribués au directeur, et les 2/5e restants au sous-directeur ; de manière que le directeur aura le 6 pour 100 et le directeur-comptable le 4 pour 100 sur les bénéfices nets (1).

Leurs attributions seront celles d'un père de famille ; ils devront constater la nécessité des subventions à faire aux colons, en con-

____

(1) Nous avons établi de cette manière les honoraires des directeurs, Attendu que ce projet devait servir de base à une société aux proportions colossales, tandis qu'en réduisant les proportions de la société, selon le capital, les honoraires des directeurs devront être fixés d'avance.

trôler le placement, surveiller le matériel possédé par le colon, donner leur avis et leur consentement aux achats et aux ventes effectuées par le colon, et en général avoir l'œil sur tout ce qui se passe dans chaque famille comme s'ils en étaient les chefs.

Ils seront chargés de la réalisation des produits, reçus des colons en payement de leur rétribution, et ils devront posséder une table de rapport entre les prix des différents produits que la Société devra accepter.

Comme dans la répartition des terrains, il se trouvera nécessairement des différences, le directeur saura en tenir compte. Ne perdant jamais de vue qu'il faut une répartition équitable, il devra diminuer d'un côté, ce qu'il pourra augmenter de l'autre.

Lorsque le capital de 150,000 francs, employé en travaux d'irrigation ou en plantation de muriers, de vignobles, etc., etc., commencera à rapporter des bénéfices, le directeur saura culculer le surplus de rétribution qui sera imposé à chaque famille pour la quote-part d'irrigation dont il aura la jouissance. Il surveillera l'éducation des vers à soie et la vigne, etc. Les produits seront attribués, moitié aux colons et moitié à la Compagnie, comme cela se pratique dans tous les pays séricicoles et vinicoles.

Le directeur présentera, à la fin de chaque année, le compte-rendu de l'exercice, fera le bilan de la Société, et établira un budget préventif pour l'année suivante.

POSITION ET AVANTAGES FAITS PAR LA SOCIÉTÉ AUX COLONS.

La bonne réussite de l'entreprise dépend du bien-être du colon. « Colon pauvre, propriétaire ruiné, » dit le proverbe. En conséquence, la Société doit accorder aux colons toutes les facilités qui peuvent les amener à la fortune. Le colon transmettra sa richesse et appliquera son industrie à ses terres, qu'il rendra meilleures. Ce sera une augmentation de valeur pour le fonds social, et les bénéfices annuels de la Société en seront plus assurés.

Dans la position du colon, on doit examiner ces quatre points :

1° Si la somme de 5,000 fr., affectée au colon, suffit pour l'exploitation de 50 hectares.

2° Si le colon et sa famille peuvent cultiver 50 hectares et s'ils peuvent trouver dans cette exploitation une amélioration de position.

3° Si le colon est positivement sûr de pouvoir payer la contribution.

4° S'il peut s'acquitter de sa dette de compte courant dans le délai fixé, et si sa position lui ouvre réellement le chemin de la fortune.

PREMIER POINT. — La somme de 5,000 fr. affectée au compte

courant du colon est de beaucoup supérieure à ses besoins ; mais, plus nous consacrerons de capitaux à la main-d'œuvre, plus nous aurons de produits.

Quels sont les besoins du colon dans la première année? Les frais d'entretien pour lui et sa famille, quelques ustensiles ruraux et la semence. Les besoins du cheptel et d'un plus grand matériel agricole ne lui viendront que successivement.

En calculant pour une famille de cinq membres 1 fr. par jour et par personne, pour l'entretien. . . . . fr. 1,825

Les semences pour le défrichement probable de 12 hectares, à 120 hectolitre de blé par hectare, à 20 fr. l'hectol. 300

Pour ustensiles ruraux. 200

Pour frais d'installation, de transport et imprévus. . . 175

On aura un total de. . . . . fr. 2,500

Le colon pourra donc encore disposer en compte courant de 2,500 fr., soit pour faire défricher une plus grande quantité de terre à ses frais, soit pour l'élève du bétail.

Avec le produit de 12 hectares qu'il aura défrichés et le bénéfice résultant de l'élève du bétail, il devra payer les intérêts à la Société et rembourser ce qu'il aura dépensé pour son entretien et pour la semence.

En évaluant à peu près à 400 fr. le produit brut d'un hectare de terrain à blé, puisque les frais sont faits par lui, nous aurons pour 12 hectares. . . . . fr. 4,800

Bénéfice sur l'élève du bétail à 25 pour 100. 625

fr. 5,425

Il faut déduire de cette somme :

Contribution à payer à la Société. . . . fr. 1,000 |
Entretien. . . . . 1,825 } 3,125
Semence. . . . . 300 |

Bénéfice net de la première année. . . . fr. 2,300

fr. 5,425

Il faut noter que cette première année est celle qui coûte le plus au colon et qui lui rapporte le moins.

En effet, dans les années successives, il est bien vrai que commenceront pour lui les besoins du cheptel et d'un matériel agricole plus fort, mais il ne sera plus nécessaire de lui faire des avances pour son entretien, et en outre son revenu sera toujours plus important par les défrichements ultérieurs qu'il aura faits. On peut calculer qu'il n'aura jamais employé en cheptel et en matériel agricole plus de la moitié de la somme affectée à son compte courant, et qu'il lui restera toujours l'autre moitié pour faire des spéculations pour son compte.

DEUXIÈME POINT — Il semblerait qu'une étendue de 50 hectares fût trop grande pour une famille de cinq personnes ; mais on la trouvera à peine suffisante si on réfléchit qu'il fallait laisser au colon de quoi faire valoir à son avantage particulier le surplus des fonds mis à sa disposition en compte courant. De cette manière, il pourra défricher et étendre les cultures pour son compte, se procurer des journaliers arabes ou même de son pays, qui ne manqueront pas de se rendre à l'invitation de l'ami et du parent.

Un hectare de terrain à blé, en Algérie, rapporte en moyenne 15 hectolitres. Il suffirait donc que le colon cultivât pour la Société 4 hectares la première année, 8 la seconde et 12 la troisième, et il resterait à son profit particulier, 46 hectares la première année, 42 la seconde et 38 la troisième. La portion de terrain qu'il ne pourra mettre tout de suite en culture, il l'utilisera en élevant du bétail, puisque le compte courant lui donne les moyens d'en acheter.

En évaluant à quatre-vingt-dix le nombre des journées de travail pour le défrichement d'un hectare de terrain, ce qui est trop : en supposant que des cinq membres composant la famille, trois seulement soient employés au défrichement dans la première année, deux seulement dans la seconde, et un dans la troisième, attendu que les autres seront nécessaires pour la culture, nous aurons un défrichement de 12 hectares la première année, de 20 la seconde et de 24 la troisième, ce qui pourra déjà suffire au colon pour ses besoins et pour s'acquitter de sa contribution. En effet, 24 hectares, à 300 fr. l'hectare (on devrait dire 400 fr., car les frais étant faits par le colon, on doit calculer sur le rapport brut) rapporteraient 7,200 fr., sur lesquels le colon devrait payer 3,000 fr. par an, et il resterait encore à son bénéfice le rapport de 26 hectares.

Troisième point. — La modicité de la contribution donnera au colon la certitude de pouvoir toujours acquitter sa dette envers la Société. Suivant tous les systèmes à métayer pratiqués en France, en Italie et même en Algérie, les produits des terres se partagent à moitié avec les colons et quelquefois même le propriétaire ne se contente pas de la moitié. Or, si les 50 hectares étaient tous cultivés à blé, ils rapporteraient 750 hectolitres de blé, sur lesquels, au lieu de la moitié, le colon n'aurait à payer que 150 hectolitres.

On loue, en Algérie, les terres défrichées de 80 à 150 fr. l'hectare, et les terres en friche pour pâturage, de 20 à 40 fr., tandis que nous avons pris pour point de départ 20 fr. et pour maximum 60 fr.

Nous avons pris pour base de nos calculs la culture du blé, pour mieux nous faire comprendre, mais cette culture n'est pas la plus lucrative, et le colon, dans l'assolement des terres, doit nécessairement comprendre d'autres produits. Un hectare de terrain à blé rapporte net 300 fr., tandis qu'il rapporterait 1,200 fr. planté en riz et en lin, et plus de 500 fr. en tabac, coton, garance, etc. Il suffirait donc au colon, en cultivant le lin ou le riz, d'un hectare de terrain la première année, de deux la seconde, et de trois la troisième, et du double pour les autres cultures, pour satisfaire à ses engagements envers la Compagnie.

L'espace de terrain occupé ne serait d'aucune importance si le colon s'adonnait à la culture du sorgho à sucre. Les évaluations détaillées de M. Hardy, au prix actuel de l'alcool, font monter à **8,313** fr. le produit d'un hectare de terrain à sorgho, net de tous frais, même du loyer du terrain, qu'il a évalué à 100 fr. l'hectare. Qu'on réduise ce chiffre tant qu'on voudra, d'après les résultats moins brillants donnés par d'autres, et d'après la dépréciation possible de l'alcool, on arrivera toujours à la preuve de l'exiguité de la contribution que la Compagnie aura imposée aux colons.

Bientôt la condition du colon sera sensiblement améliorée par le rapport des plantations que la Compagnie aura exécutées sur ses terres.

Quatrième point. — Nous avons attribué, dans nos calculs, l'amortissement de la dette du compte courant du colon à la seconde période de 5 ans, afin de lui laisser auparavant le temps de se créer une petite fortune avec les moyens fournis par la Société ; toutefois, un colon économe et laborieux pourrait arriver à s'acquitter dans les cinq premières années.

Voici à peu près quelle serait la position du colon à la fin de chaque année.

Dans la première année, il aura opéré un défrichement de 12 hectares de terrain et il aura employé de la manière suivante le capital de 5,000 francs du compte courant :

Entretien de la famille, à **1** fr. par jour et par personne, soit **5** fr. par jour. . . . . **1,825** fr.
Achat de semence, **125** hectolitres par hectare, à 20 fr. l'hectolitre. 300
Frais de transport, d'installation et frais imprévus. . . 175
Petits ustensiles ruraux. 200
Défrichement pour son compte, ou élève de bétail . . 2,500
—————
5,000 fr.

Son bilan, à la fin de la première année, pourra s'établir de la manière suivante :

ACTIF.		PASSIF.		BÉNÉFICE en		
				ARGENT.	CHEPTEL	TOTAL
Revenu brut de 12 hectares de blé à 400 fr. l'hectolitre	fr. 4,800	Dette de compte Courant.	5,000			
Élève du bétail ou défrichement pour son compte.	2,500	Contribution à la Société.	1,000			
Bénéfice sur cet objet.	625	Solde, bénéfice de la première année. . . .	1,925			
	7,925		7,925	1,925	200	2,125

Dans la seconde année, le colon aura défriché 20 hectares de terrain, et il aura employé de la manière suivante son capital :

Frais d'entretien du colon et de sa famille. . . . . . 1,825 fr.
Semence pour 20 hect. 500
Cheptel et matériel agricole. 675
Bétail ou défrichement pour son compte. 2,000
____
5,000 fr.

Et voici quel sera son bilan de la seconde année :

ACTIF.		PASSIF.		BÉNÉFICE en		
				ARGENT.	CHEPTEL.	TOTAL.
Revenu brut de 20 hectares, à 400 fr. l'hect.	fr. c. 8,000 »	Dette du compte-courant.	fr. c. 5,000 »		1o 200	
Bénéfice en argent de la première année, employé en bétail ou défrichement pour son compte. . 1,925 fr.		Contribution à la Société.	2,000 »		2o 675	
Autre somme pour le même emploi. . 2,000 fr.	3,925 »	Intérêts sur le compte courant,	50 »			
Bénéfice sur cette somme.	981 25	Bénéfice de la seconde année. . . .	5,856 25			
	12,906 25		12,906 25	fr. c. 5,856 25	875	fr. c. 6,731 25

Dans la troisième année, le colon aura défriché 24 hectares de terrain, et il aura employé de la manière suivante son capital de 5,000 fr. de compte courant :

Frais d'entretien du colon et de sa famille. . . . . . 1,825 fr.
Semence pour 24 hectares. 600
Augmentation du cheptel et du matériel. 1,075
Somme employée en bétail, ou en défrichements et culture pour son compte. 1,500
____
5,000 fr.

Et voici son bilan de la troisième année :

ACTIF.		PASSIF.		BÉNÉFICE en		
				ARGENT.	CHEPTEL.	TOTAL.
Revenu brut de 24 hectares.	fr. c. 9,600 »	Dette du compte-courant.	fr. c. 5,000 »		fr. 1o 200	
Bénéfice précédent, employé en bétail ou en défrichement pour son compte. . 5,856 25		Intérêts sur cette somme.	100 »		2o 675	
Autre somme pour cet emploi. . . . . . 1,839 »	7,356 25	Contribution à la Société.	3,000 »		3o 1075	
Bénéfice sur cette somme.	1,839 »	Bénéfice de la troisième année. . . .	10,695 25			
	18,795 25		18,795 25	10,695 25	1950	12,645 25

Continuant les mêmes calculs jusqu'à la cinquième année, et supposant que le colon opère chaque année un défrichement de 4 hectares, et qu'il augmente son cheptel de 1,000 fr. par an, il trouvera à cette époque un bénéfice de 29,034 fr. 75 c. en argent, et un cheptel de 3,950 fr., sur lequel, déduisant un tiers de sa valeur pour la dépréciation, on aura un total de 31,658 fr. 07 c.

Ce bénéfice de 31,658 fr. 07 c., réuni aux sommes prélevées chaque année par le colon pour son entretien, c'est-à-dire 9,125 fr., forme un total de 40,783 fr. 07 c. qui représente la valeur des journées faites par un colon et sa famille pendant les cinq années. Ce sera donc en moyenne une journée de 4 fr. 55 c. Si l'on considère que tous les membres de la famille du colon, grands et petits, hommes et femmes, gagnent tous cette même journée, et tous les jours de l'année, y compris les fêtes et les jours de pluie et de chômage, hiver et été, on trouvera ce résultat assez satisfaisant. Sans compter qu'ils trouveront une foule d'autres bénéfices, dont nous ne parlons pas, par exemple ceux de la basse-cour, du potager, etc., etc.

Il faut noter d'ailleurs qu'il ne sera pas toujours possible au colon d'employer toutes les sommes, dont il pourra disposer à la fin de l'année, à élever du bétail, attendu que le terrain à pâturage diminue chaque année, tandis que les sommes augmentent. Il sera donc forcé de s'en servir soit pour le défrichement, soit pour d'autres cultures, lesquelles lui donneront un revenu bien plus élevé que le 25 pour 100. En effet, en ne parlant que du blé, un hectare de terrain coûte 200 fr. pour le défrichement et rapporte 300 fr. net, soit 100 fr. de bénéfice, ou le 50 pour 100 du capital employé.

Sans craindre de se tromper, on peut assurer que le colon, à la dixième année, aura, non-seulement payé sa dette de compte courant, mais sera même assez riche pour acheter les terres qu'il aura cultivées jusque-là.

Les chiffres que nous avons donnés sont bien loin d'être d'une scrupuleuse exactitude ; cependant, ils pourront suffire pour montrer combien il sera facile au colon de payer sa contribution et d'amortir sa dette de compte courant, et combien il sera de son avantage d'opérer le plus grand défrichement de terrain dans le plus court délai possible.

Pour stimuler davantage et encourager le zèle du colon, la Société devrait instituer des prix annuels de culture, par exemple de 1,000 fr., à décerner au colon qui aurait obtenu les meilleurs résultats.

L'Algérie a déjà prouvé l'efficacité de ces institutions. L'espoir donné au colon d'un important secours pour l'aider à se délivrer de sa dette animera ses efforts et soutiendra son courage.

AVANTAGES OFFERTS PAR CETTE MÉTHODE SUR LES MÉTHODES ORDINAIRES
D'EXPLOITATION RURALE.

On ne connaît jusqu'à présent que trois manières d'exploiter les terres en Algérie, comme en France et partout, savoir : 1° en les donnant à bail aux fermiers, qui les exploitent pour leur compte, moyennant une redevance en argent ; 2° en les confiant aux métayers qui partagent les produits avec le propriétaire ; 3° par exploitation directe du propriétaire.

Une société, possédant une grande étendue de terrain, ne peut espérer de trouver un nombre de fermiers suffisant à sa propriété dans un pays où la rareté de l'argent empêche le cultivateur de devenir fermier. Elle ne peut pas non plus espérer de trouver des métayers dans un pays où manquent les bras et où la main-d'œuvre est chère. La Société est donc forcée d'exploiter elle-même ses terres et de se soumettre à tous les inconvénients que présente la méthode ordinaire d'exploitation.

La méthode proposée par nous touche à ces trois manières d'exploitation, sans s'arrêter à aucune. Elle prend à chaque manière ce qu'elle a de bon, en écartant le mauvais. Notre colon, dans les premières années de son bail, n'est ni un simple laboureur, ni un métayer, ni un fermier, mais il participe de tous les trois.

L'avantage qu'aurait une Société, si elle pouvait exploiter ses terres par le système des fermes, est incontestable. De cette manière, ses opérations seraient simplifiées et ses bénéfices bien établis.

Par notre méthode, nous prenons un laboureur et nous lui donnons les moyens de devenir fermier. Enfin, nous créons des fermiers.

Les avantages de notre méthode sur les méthodes ordinaires se résument comme il suit :

1° *Plus grande simplicité de gestion.* — L'administration se trouvant déchargée de toute la partie active de l'exercice rural, qui reste confiée à des personnes intéressées, un directeur et un sous-directeur comptable pourront régir une propriété de 5,000 hectares aussi bien que la coûteuse administration des Sociétés ordinaires.

2° *Économie d'employés à de forts appointements.* — Pour l'exploitation de 5,000 hectares de terrain par les méthodes ordinaires, il faudrait au moins un administrateur, deux comptables, quatre ou cinq directeurs de travaux de campagne, autant de contre-maîtres, gardes champêtres, agents spéciaux pour l'achat et la vente des produits, etc., etc.

A l'économie des employés, il faut en conséquence ajouter l'absence de toute dilapidation possible du fonds social. Il arrive trop souvent, principalement dans les colonies lointaines, de voir des gérants de Société, se laisser entraîner plus par leur intérêt personnel que par celui de la Compagnie, proposer au commencement d'une entreprise des dépenses énormes pour des travaux et des constructions qui devraient être faits en dernier lieu et seulement sur les bénéfices des premières années. Les dépenses et les trop forts et trop nombreux appointements des employés condamnent la Société à une ruine certaine, tandis qu'en procédant avec économie et en retardant toutes les dépenses qui ne sont pas d'un rapport immédiat, on la rendrait florissante et prospère.

3° *Grande facilité d'exécution.* — Des deux personnes auxquelles est confiée l'administration l'une restera dans la propriété pour y faire exécuter l'arpentage et le partage du terrain, ainsi que pour faire construire les maisons de l'administration et des colons. L'autre se rendra à l'étranger pour choisir les familles, fixer les conditions de leur déplacement et pourvoir à leur transport au fur et à mesure que les maisons seront terminées. Les fonctions de ces deux employés devront être déterminées à l'avance, de manière à ce qu'il ne puisse y avoir incompatibilité, et que le directeur soit préposé aux grands travaux, aux ouvrages d'utilité commune et aux plantations, tandis que le sous-directeur comptable s'occupera de la tenue des comptes courants, de la surveillance du matériel agricole et de la gestion intérieure de la propriété.

4° *Plus grande facilité de conserver et de soigner le matériel agricole.* — Le colon considérera le matériel agricole et le cheptel par lui achetés comme lui appartenant, et il sera par conséquent plus intéressé à leur conservation qu'un laboureur ordinaire qui manie un objet qui ne lui appartient pas. En général, dans notre système, tous les employés sont directement intéressés à la prospérité de la Compagnie, de laquelle dépend leur bien-être et leur fortune. (Voir la note à la page 14.)

5° *On évite l'obstacle de la rareté et de la cherté de la main-d'œuvre au temps de la récolte.* — Le manque de bras se fait tellement sentir en Algérie au moment de la récolte, que le prix des journées à cette époque est double, triple, ou quadruple même du prix ordinaire. Souvent, les propriétaires se trouvent forcés d'abandonner leur récolte faute de bras. Avec notre système, cet inconvénient disparaît et le bénéfice de la Compagnie reste complétement assuré.

6° *Nécessité d'un fonds social moins considérable et défrichement sans dépenses.* — Dans les concessions, l'Etat évalue à 300 fr. l'hectare la dépense pour la mise en rapport des terres, sans compter les constructions. Par les méthodes ordinaires, il faudrait donc pour l'exploitation de 5,000 hectares :

Pour défrichement et plantation. . . . . fr.	1,500,000
Constructions, comme dans notre système. . . .	350,000
Cheptel, matériel agricole, semences, etc. . . .	500,000
Capital roulant, au moins.	150,000
fr.	2,500,000

Avec notre système, nous avons le défrichement sans aucune dépense. En effet, le colon peut suffire, avec les moyens qui lui sont fournis par la Compagnie, à cet ouvrage ; et son intérêt l'exige, puisque sa fortune à venir repose tout entière sur la culture des terrains qu'il a loués. En outre, le capital roulant devient inutile, et le prix du cheptel et du matériel agricole, restant représenté par le compte courant avec le colon, fait retour à la Société dans un délai de dix années, et rapporte un intérêt de 5 pour 100.

Il résulte de ce que nous venons d'exposer que, par notre système, un capital d'un million, dont la moitié est remboursée en dix années, tient lieu et place d'un capital de **2,500,000 fr.** employé selon le système ordinaire.

7° *Plus grande probabilité dans l'évaluation préventive des bénéfices de la Société.* — Rien n'est plus sujet à erreur que l'évaluation préventive d'une exploitation rurale. Il n'est pas possible de prévoir et d'indiquer toutes les circonstances pouvant amener des variations dans ce calcul. Dans notre système, le bénéfice de la Société se trouve exclusivement constitué par un nombre déterminé de baux, dont le produit peut être évalué presque exactement.

Cet avantage présenté par notre système est très important, surtout si l'on considère que c'est précisément l'incertitude que l'on a sur le rendement de la terre qui empêche les capitalistes de fonder de grandes entreprises agricoles.

CAUTIONNEMENT DU FONDS SOCIAL.

Le fonds social sera garanti :

1° *Par la propriété des terres et des constructions.* — Ce qui donne de la valeur aux terres en Algérie, c'est le défrichement et les constructions. La terre nue, en friche, ne vaut pas grand'chose. Ayant mis en rapport par notre méthode une bonne partie de la propriété *sans frais de défrichement*, exécuté un grand nombre de plantations et construit les bâtiments nécessaires, nous aurons doublé le capital employé. Si, par exemple, la Société a dépensé **250,000 fr.** pour l'achat des terres (**5,000** hectares nus et en friche), et ensuite **500,000 fr.** pour les bâtiments et les plantations, en tout **750,000**, une fois ces terrains défrichés et mis en rapport, ils auront une valeur au moins de **1,500,000 fr.** Cela est si vrai qu'un hectare de terrain en friche coûte **200 fr.** tout au plus, même aux abords d'une ville, tandis qu'il faut le payer **800 fr.** ou **1,000 fr.**, quoiqu'il soit éloigné des centres de population quand il est défriché, planté, et mis en rapport.

2° *Par le cheptel et le matériel agricole.* — La moitié du capital social existe toujours, soit en espèces dans la caisse de l'administration, soit en objets qui le représentent.

L'objection qu'on pourrait faire, que les comptes courants ouverts à des personnes sans responsabilité sont de l'argent risqué, ne tient pas devant un examen attentif.

En effet, le colon se sert de l'argent que vous lui confiez pour l'achat du matériel agricole, sur lequel la Société conserve son droit de propriété. Le colon, en réalité, ne peut qu'administrer ladite somme à son profit, il n'a que le bénéfice que son habileté saura en retirer.

Le colon tend à s'acquitter de la dette qui l'empêche de devenir propriétaire absolu des effets dont il jouit; il est donc intéressé à garder et à soigner scrupuleusement tout le matériel dont il dispose, puisqu'il doit un jour en devenir propriétaire.

Le peu d'argent que le colon détournera pour ses besoins personnels et ceux de sa famille, sera compensé outre mesure, et garanti par le travail de défrichement ou autre, fait sur la propriété.

Avec les méthodes ordinaires d'exploitation rurale, on est également obligé à la dépense du matériel agricole et du cheptel, mais on doit en confier la garde à des personnes mercenaires, telles que cochers, bouviers, laboureurs, etc., etc., que la surveillance supérieure ne peut pas toujours atteindre, et qui n'ont aucun intérêt à la conservation du matériel, à la santé du bétail, à l'économie des fourrages, etc., et malheureusement l'expérience nous apprend combien coûtent à une Société agricole toutes les petites pertes journalières qui viennent du peu de soin et de la négligence des employés. Une sage économie et le soin du matériel agricole sont des éléments de prospérité presque indispensables.

Avec notre méthode, nous aurons associé à la surveillance des directeurs, des personnes honnêtes et laborieuses, qui auront un intérêt direct à sa conservation et à son entretien.

Nous répétons que les conditions faites par la Société sont si avantageuses aux colons, que l'agent de la Compagnie trouvera une concurrence sur laquelle il pourra compter pour faire un choix. Il ne prendra pas d'engagement avant d'avoir connu personnellement tous les membres de chaque famille et leurs qualités morales. L'intérêt que le colon trouvera à être honnête est la garantie la plus sûre de sa probité. — Pourquoi manquerait-il à ses devoirs quand il aura devant lui une carrière sûre, honnête et lucrative, qui peut le conduire à l'aisance et que vous lui donnerez les moyens de la parcourir? Les fonds que vous engagez ne sont pas plus risqués que la semence qu'il confie lui-même à la terre avec l'espoir que la récolte ne lui manquera pas.

3° *Par l'augmentation naturelle de la valeur de la propriété.* —

Les fonds sociaux augmentent toujours, et se trouvent en meilleur rapport au fur et à mesure que la colonisation se développe, que le pays se peuple et prospère, amenant la hausse du prix des terres. A cette hausse contribuera notablement le défrichement progressif opéré par les colons, la croissance de la plantation, et les travaux hydrauliques et d'amélioration faits par la Compagnie, qui augmentent sensiblement le revenu.

4° *Par le remboursement de la moitié du capital.* — Nous avons dit que le colon, dans les cinq dernières années de son séjour dans les terres à exploiter, doit payer, par cinquièmes, sa dette de compte courant. Ce sera le capital d'amortissement, qui réduira les fonds sociaux à la moitié, sans entamer l'actif de la Compagnie. De cette manière seront doublées les garanties sur la somme restante.

RENDEMENT DU CAPITAL DE 150,000 FR.

AFFECTÉ A LA PLANTATION, A L'IRRIGATION, ETC., ETC.

Il y a deux catégories de travaux profitables que la Compagnie devra faire exécuter au moyen du capital de 150,000 fr.

1° *La plantation.* — La somme attribuée à la plantation des arbres reconnus les plus utiles, sera divisée en **100** parties et attribuée, par centièmes, à chacune des familles. Le produit de la plantation sera partagé avec le colon comme nous l'avons dit plus haut, et selon l'usage.

2° *L'irrigation.* — Nous proposons d'adopter pour l'irrigation en Algérie, le système pratiqué en Lombardie comme étant le plus avantageux (1).

Lorsqu'on aura reconnu l'existence des sources souterraines et la possibilité de les utiliser pour l'irrigation, le directeur entreprendra immédiatement l'opération, en tenant un compte exact des dépenses. L'eau obtenue sera partagée et louée aux colons pouvant en profiter, dans la quantité qui leur sera nécessaire, en réglant la rétribution qu'ils devront payer à la Compagnie, sur l'intérêt du capital déboursé pour l'exécution des travaux.

Si nous voulons déterminer préventivement le rapport des travaux d'irrigation et de plantation, et si nous admettons, pour ce qui regarde la plantation, que l'arbre ne donnera des produits qu'au printemps de la sixième année sur place (ce qui veut dire à la neuvième ou dixième année de son existence, puisqu'il aura été dans la pépinière trois ou quatre années avant sa transplantation), nous restons au-dessous du vrai en évaluant ce rendement à **100,000** fr. par an, c'est-à-dire en moyenne, et pour les cinq dernières années à **1,000** fr. par famille, et par **50** hectares de terrain (2).

(1) Voir la note première.

(2) Pour établir le profit de la compagnie sur la portion du capital affectée aux travaux d'irrigation, on devra considérer la différence de rapport entre des terrains arrosables et des terrains non arrosables. Les premiers ont une valeur double des derniers et on les loue par conséquent le double.

Nous avons vu qu'une fontaine, même ayant son origine à 4 ou 5 kilomètres de la propriété, coûte de 5 à 6,000 fr. et peut servir abondamment

Le développement de la plantation, après la période de dix années, et l'amélioration acquise au terrain, permettra encore d'aug-

à l'irrigation de 150 à 200 hectares. Si on double la contribution du colon, il faut la porter de 60 fr. à 120 fr. l'hectare, ce qui représente en effet le prix exact du terrain arrosable, et on aura ainsi une augmentation de bénéfice pour la Compagnie de 3,000 fr. par colon. Nous avons donc été bien modeste en évaluant à 1,000 fr. seulement par famille cette augmentation de bénéfice, puisque nous ne l'avons calculée qu'en raison de 20 fr. au lieu de 60 fr. par hectare.

Dans la Lomelline, province du Piémont, et en Lombardie, où le système d'irrigation est extrêmement perfectionné, et où l'abondance des sources en diminue le prix, une once d'eau continue (mesure milanaise) se loue 1,000 fr., soit pour une fontaine ordinaire, 3,000 fr.

Pour ce qui regarde la plantation, notre évaluation préventive se trouve encore, au-dessous du vrai. En effet, le prix d'un mûrier de trois ans de pépinière, le transport et la plantation, s'élèvent à 1 fr. et 50 c. Une famille pourra, par conséquent, avec la somme qui lui est allouée par la société, avoir une plantation de 1,000 mûriers, qui, à raison de 200 par hectare, occuperont un espace de 5 hectares.

Or, d'après les calculs de M. Dandolo, auteur très compétent en cette matière, un mûrier, parvenu à l'âge de six ans, donne plus de 7 kilogr. de feuilles et à l'âge de dix ans, c'est-à-dire à treize ans d'existence, car il a vécu trois ans dans la pépinière, il pourra en donner 21 kilogr. et même davantage. Nous avons donc une moyenne, en cinq années, de 14 kilogr. de feuilles; ce qui est plus que suffisant pour la production de 1 kilogr. de cocons. Un kilogr. de cocons peut en moyenne être évalué à 5 fr., et en le partageant avec le colon, il restera à la Compagnie 2 fr. 50 c. pour chaque mûrier.

Maintenant, si nous faisons toutes les réductions possibles pour les mûriers qui meurent, pour ceux qu'il ne faut pas effeuiller afin de les laisser se reposer, nous verrons que, dans nos prévisions, nous restons toujours au-dessous de la moitié de la moyenne.

Nous proposons que la plus grande partie du capital attribué aux plantations soit consacrée aux mûriers; car, cet arbre est de tous le plus productif, ajoutez à cet avantage que la force de végétation du mûrier est en Algérie d'un tiers plus grande qu'en Europe, et enfin que le commerce et la valeur des soies tendent tous les jours à augmenter et marchent de pair avec le développement de la civilisation.

La province d'Alger surtout est destinée à devenir un pays éminemment séricicole. Elle n'est exposée, pendant le temps de l'éducation des vers à soie, ni aux gelées blanches qui détruisent la feuille de mûrier comme il arrive quelquefois dans la province de Constantine, ni au siroco, qui tue raide le vers à soie, comme dans la province d'Oran.

Le progrès peu considérable qui a eu lieu jusqu'à présent dans cette industrie en Afrique, tient à ce que les colons n'ont aucune notion de l'art d'élever les vers à soie, et qu'ils rencontrent des obstacles pour se procurer de la bonne graine, qu'ils ne savent pas faire eux-mêmes.

Les premiers colons qui s'occupèrent de l'éducation des vers à soie possédaient des connaissances spéciales et obtinrent des résultats merveilleux. Entraînés par le succès de leurs prédécesseurs, un grand nombre de colons s'adonnèrent à la plantation du mûrier; mais, ne possédant pas les mêmes notions, ils échouèrent dans l'éducation des vers à soie, et de là un découragement général qui arrêta le progrès de cette industrie. La bonne réussite de la récolte des cocons est infaillible en Algérie, si le colon suit les règles suggérées par l'art et par l'expérience. Ces règles sont jusqu'à présent complétement inconnues au colon algérien, bien qu'elles soient très simples et qu'elles consistent à surveiller les deux seules voies par lesquelles la maladie pénètre dans le ver, c'est-à-dire l'atmosphère et la nutrition.

L'oïdium n'a pas encore paru en Algérie. La *muscardine*, qui ravage maintenant tous les pays séricicoles, communiquant son influence morbifère à la graine elle-même, n'y est pas connue. La seule maladie de vers à soie, qu'on ait signalée jusqu'à présent, est la grasserie.

Cette maladie est engendrée dans le ver par l'abondance des humeurs

menter considérablement le prix du loyer, sans risquer de trop

aqueuses dans son corps, et dépend, selon nous, de ce que le colon ne sait pas lui apprêter la feuille qui lui convient.

Dans la feuille du mûrier se trouvent cinq substances parfaitement distinctes : 1° substance fibreuse ; 2° matière colorante ; 3° eau ; 4° substance sucrée ; 5° substance résineuse.

La substance fibreuse, la matière colorante et l'eau, moins celle qui va faire partie du corps de l'animal, ne peuvent pas être considérées comme des substances nutritives du ver. La substance sucrée seule le nourrit, le grossit et devient progressivement sa substance animale. La substance résineuse forme la soie ; elle se sépare peu à peu de la feuille ; attirée par l'organisme animal, elle s'accumule, se dépure et va remplir au fur et à mesure les deux réservoirs ou vases séricicoles contenus dans le ver.

Selon les différentes proportions des éléments constitutifs de la feuille, il arrive que, dans plusieurs cas, avec la même quantité de feuilles, un ver peut être bien nourri et donner peu de soie, et *vice versa*.

Le mûrier qui contient le plus de matière résineuse est le mûrier blanc (*morus alba*), celui qui contient le plus de matière sucrée ou nutritive est le mûrier sauvage, et celui des îles Philippines à feuilles grandes, grasses et précoces (mûrier multicaule). Il contient le plus de substance aqueuse, surtout en Algérie où la force de végétation du mûrier est extraordinaire.

Nous avons dit que la maladie qui règne en Algérie dans les vers à soie est la grasserie et qu'elle vient de la trop grande quantité d'eau que le ver a absorbée dans la feuille. Le colon a l'habitude de le nourrir presque pendant toute la période de son existence avec des feuilles du mûrier multicaule, dont le développement est précoce. Il espère avoir de cette manière sa récolte de bonne heure, et pouvoir en obtenir une autre avec les mêmes bras et d'autres mûriers. Cette erreur est la ruine du colon ; car il perd la première récolte par suite de la mauvaise nourriture, et la seconde est étouffée par une chaleur bientôt excessive.

Nous conseillons aux propriétaires algériens, éducateurs de vers à soie, de planter sur leurs propriétés une quantité de mûriers sauvages assez nombreux pour suffire à la nourriture de leurs vers au moins pendant cinq ou six jours. Les quelques journées de nourriture de cette feuille suffiront pour empêcher la grasserie et pour rendre les vers sains et vigoureux.

Dans les nombreux essais qui ont été faits, il n'est jamais arrivé de voir manquer la récolte des cocons, quand les vers ont été nourris avec la seule feuille du mûrier sauvage, son aliment naturel. Quelques cultivateurs, en Lombardie, ont la bonne habitude de nourrir jusqu'à la deuxième ou troisième mue, leurs vers, avec la seule feuille du mûrier sauvage qu'ils ont planté en guise de haie autour de leur propriété. Les vers à soie, même petits, préfèrent toujours cette feuille, dont le parfum embaume la magnanerie jusqu'à la fin de l'éducation.

Le propriétaire ne doit pas craindre, avec cette plantation, la perte illusoire d'un peu de feuille. Il aura observé que, dans la grande famille des mûriers, il y a des variétés très mauvaises, qui donnent une feuille rare et festonnée, et qui sont chargées de rameaux presque épineux, tandis que d'autres ont la feuille si abondante et si peu festonnée qu'ils ressemblent à des mûriers greffés. Dans ce cas, le propriétaire devra greffer la bonne qualité du mûrier sauvage sur la mauvaise.

Il remarquera encore que, pour obtenir 1 kilog. de cocons, au lieu de 14 kilog. de feuilles du mûrier greffé, il n'en faudrait pas même 10 du mûrier sauvage ; que 140 onces de cocons produits avec la feuille du mûrier sauvage rapportent 14 onces de bonne soie, tandis que 140 onces de cocons produits avec celle du mûrier greffé ne rapportent tout au plus que 12 onces de soie ; que la vigueur, l'appétit et la santé des vers à soie nourris avec la feuille du mûrier sauvage étant parfaite, cela prouve que dans cette feuille il y a une quantité plus grande de matière alimentaire et résineuse. En conséquence, à juste appréciation, un mûrier greffé rapportant 50 kilog. de feuilles et un mûrier sauvage qui n'en fournit que 30, donneront les mêmes résultats par rapport à la matière alimentaire et nutritive, mais il restera au profit du colon le surplus de soie que produiront les cocons faits avec la feuille du mûrier sauvage.

En faisant connaître ces données positives, nous ne voulons pas donner surcharger le colon.

la préférence au mûrier sauvage sur le mûrier greffé, car il faudrait des études plus approfondies pour émettre un jugement, nous voulons seulement proposer une mesure hygiénique pour prévenir ou combattre la seule maladie dont souffrent les vers à soie en Algérie. Le colon qui saura bien proportionner et alterner les qualités de feuilles, qui élèvera ses vers de bonne heure, et qui suivra dans l'éducation les règles prescrites par l'art, est assuré de voir ses vers grandir vigoureux et se renfermer dans des cocons riches en soie.

Nos prévisions se trouveraient encore au-dessous du vrai si nous dépensions une partie du capital en plantation d'oliviers et de vignes.

L'olivier, en Algérie, son pays natal, donne des fruits toutes les années, contrairement à ce qui arrive en Provence et en Italie, où le produit est alterné par une année de repos. L'immense quantité d'oliviers sauvages dont est couvert le sol algérien permettra d'abréger la durée du temps nécessaire à l'olivier pour donner des fruits. Il n'y aura qu'à greffer les oliviers sauvages d'une certaine grosseur et à les transplanter.

Un hectare de terrain, contenant cent oliviers, rapportera, suivant les données de M. Cordier, 250 fr. la sixième année, et 1,900 fr. la dixième, c'est-à-dire en moyenne pour les cinq années, 430 fr. par hectare. Le colon, avec la somme affectée par la société à cet objet, pourrait avoir au moins 10 hectares plantés d'oliviers, rapportant annuellement 4,300 fr.

La vigne prospère merveilleusement en Algérie, et à l'état sauvage, elle couvre le sommet des forêts. Nous proposons d'imiter la nature, d'abandonner la méthode en usage en France de la vigne basse, et d'adopter la méthode italienne, qui est pratiquée aussi dans quelques localités de la France et qui consiste à faire monter la vigne. Cette méthode nous paraît convenir essentiellement à l'Algérie.

Nous ne croyons pas devoir nous étendre ici sur la meilleure méthode de cultiver la vigne en Algérie, nous nous bornerons à faire remarquer les avantages que l'on aurait en la cultivant par la méthode que nous proposons, savoir :

1° Dépense moindre de plantation, car, pour la même surface de terrain, il faut un nombre bien moindre de ceps;

2° Le terrain planté de vignes n'est pas perdu ; car les rangées de ceps étant à 12 mètres de distance, l'intervalle peut être utilisé pour d'autres cultures;

3° Les labours qu'on fait pour les autres produits servent aussi pour la vigne;

4° Plus grande économie de bois pour les soutiens. Les rangées de ceps sont entrecoupées de mûriers ou d'oliviers, qui servent de soutien aux branches de la vigne;

5° Plus grande quantité de produits. Le produit d'une vigne soutenue par des arbres est plus du double de celui qu'on obtient par d'autres manières. On pourrait objecter que par cette méthode, on perd en qualité ce que l'on gagne en quantité, mais si l'on considère que le pays exige avant tout une abondance de vin ordinaire, et que d'ailleurs les vins algériens sont même trop chargés d'alcool, cette objection nous semble perdre toute sa force.

Si, dans l'évaluation du rapport de la plantation, nous eussions voulu nous tenir aux comptes rendus bien raisonnés de M. Hardy, l'habile directeur de la pépinière centrale d'Alger, et de tous ceux qui ont écrit sur cette matière, nous aurions dû doubler nos chiffres. Mais nous préférons nous tenir à notre propre expérience, et baser nos calculs sur des chiffres si bas qu'ils ne puissent pas être contestés.

Voici maintenant un compte rendu de dix années d'exercice de notre Société :

ANNÉES d'exercice	RECETTES.	FRAIS.	REVENU.	CAPITAL.	INTÉRÊT pour 100.
1re	Contribution payée par les colons... Fr. 100,000 Intérêts payés par les colons sur les comptes courants.......... 25,000 Fr. 125,000	Honoraires des directeurs 10 pour 0/0. Fr. 12,500 A l'État, pour 1er 10e des terres (1). 25,000 Intérêt 3 p. 0/0 sur les 225,000 fr. restant dus..... 6,750 Réparations des maisons et plantations (2)...... 5,000 BÉNÉFICE.......... 75,750 Fr. 125,000	75,750	1,000,000	7 57
2e	Contribution payée par les colons..... Fr. 200,000 Intérêts des comptes courants (3). 25,000 Fr. 225,000	Honoraires.... Fr. 22,500 2e 10e des terres.. 25,000 Intérêt sur 200,000 francs........... 6,000 Réparations...... 5,000 BÉNÉFICE......... 166,500 Fr. 225,000	166,500	1,000,000	16 65
3e	Contribution... Fr. 300,000 Intérêts des comptes courants.... 25,000 Fr. 325,000	Honoraires.... Fr. 32,500 3e 10e des terres.. 25,000 Intérêts sur 175,000 francs.......... 5,250 Réparations...... 5,000 BÉNÉFICE......... 257,250 Fr. 325,000	257,250	1,000,000	25 72
4e	Contribution... Fr. 300,000 Intérêts des comptes courants.... 25,000 Fr. 325,000	Honoraires.... Fr. 32,500 4e 10e des terres.. 25,000 Intérêts sur 150,000 francs.......... 4,500 Réparations...... 5,000 BÉNÉFICE......... 258,000 Fr. 325,000	258,000	1,000,000	25 80
5e	Contribution... Fr. 300,000 Intérêts des comptes courants... 25,000 Fr. 325,000	Honoraires.... Fr. 32,500 5e 10e des terres.. 25,000 Intérêts sur 125,000 francs.......... 3,750 Réparations...... 5,000 BÉNÉFICE......... 258,750 Fr. 325,000	258,750	1,000,000	25 87

(1) On paie les terres à l'État en dix années, par dixièmes, avec 3 pour 0/0 d'intérêt sur la somme restant due.

(2) Les réparations sont évaluées à 1 pour 0/0 sur le capital déboursé pour les cinq premières années, et 2 pour 0/0 pour les cinq dernières.

Pour simplifier les calculs, nous faisons figurer, chaque année, la totalité de l'intérêt des comptes courants, tandis qu'en fait une partie de cet intérêt devrait être placée dans les comptes du capital.

ANNÉES d'exercice.	RECETTES.	FRAIS.	REVENU.	CAPITAL.	INTÉRÊT pour 100.
6e	Contribution...Fr. 300,000 Rapport de la plantation et irrigation............. 100,000 Intérêts des comptes courants.... 20,000 Fr. 420,000	Honoraires..... Fr. 42,000 6e 10e des terres.. 25,000 Intérêts sur 100,000 francs........... 3,000 Réparations (1)... 10,000 BÉNÉFICE (2)..... 340,000 Fr. 420,000	340,000	900,000	37 77
7e	Contribution...Fr. 300,000 Rapport de la plantation (3)....... 100,000 Intérêts des comptes courants.... 15,000 Fr. 415,000	Honoraires..... Fr. 41,500 7e 10e des terres.. 25,000 Intérêts sur 75,000 francs........... 2,250 Réparations...... 10,000 BÉNÉFICE........ 336,250 Fr. 415,000	336,250	800,000	42 05
8e	Contribution...Fr. 300,000 Rapport de la plantation.......... 100,000 Intérêts des comptes courants.... 10,000 Fr. 410,000	Honoraires..... Fr. 41,000 8e 10e des terres.. 25,000 Intérêts sur 50,000 francs........... 1,500 Réparations...... 10,000 BÉNÉFICE........ 332,500 Fr. 410,000	332,500	700,000	47 50
9e	Contribution...Fr. 300,000 Rapport de la plantation.......... 100,000 Intérêts des comptes courants.... 5,000 Fr. 405,000	Honoraires..... Fr. 40,500 9e 10e des terres.. 25,000 Intérêts sur 25,000 francs........... 750 Réparations...... 10,000 BÉNÉFICE........ 328,750 Fr. 405,000	328,750	600,000	54 79
10e	Contribution...Fr. 300,000 Rapport de la plantation.......... 100,000 Fr. 400,000	Honoraires..... Fr. 40,000 10e terme des terres... 25,000 Réparations...... 10,000 BÉNÉFICE........ 325,000 Fr. 400,000	325,000	500,000	65

(1) Les frais de réparation sont évalués à 2 pour 0/0 du capital déboursé.

(2) On amortira la dette de compte courant des colons par cinquièmes annuels. Cet argent servira à amortir le capital social.

(3) Le rapport des plantations est évalué en moyenne à mille francs pour chaque famille.

Un autre avantage que présente cette méthode simple d'exploitation rurale, c'est de se prêter à toutes les combinaisons financières, à tous les capitaux plus ou moins importants, à la diversité des époques et des modes de versement.

En effet, en supposant, pour la même étendue de terres, que la société soit collective,

Que le capital à débourser soit de 600,000 fr.,

Qu'on veuille faire les versements en quatre années,

Que les constructions et le transport des familles soient répartis en cinq années,

Que les associés, pour les huit premières années, ne prélèvent que le 5 pour 100 de leur capital, abandonnant les dividendes au profit de la culture,

On pourra voir, par le prospectus ci-joint, quel bénéfice considérable obtiendraient les capitalistes à la huitième année de leur entreprise.

Dans ce cas, on devra opérer comme s'il s'agissait de cinq sociétés distinctes, dont l'ensemble équivaudrait à une société unique. On devra par conséquent faire cinq parties des terres, des frais et de la somme destinée aux comptes courants, aussi bien que des familles, en faisant cinq transports de vingt familles chaque, attribuant à chaque transport 100,000 fr., c'est-à-dire 5,000 fr. par famille, aux mêmes conditions d'intérêt et de remboursement que celles indiquées dans le premier projet.

On devra faire de même pour les plantations et les travaux d'utilité publique, qui seront faits par cinquièmes, au fur et à mesure de l'arrivée des familles.

On entrera en possession de terres achetées à l'État à raison de 1,000 hectares par an.

PROSPECTUS

DE HUIT ANNÉES D'EXERCICE D'UNE SOCIÉTÉ AU CAPITAL DE 600,000 FR. POUR 5,000 HECTARES DE TERRAIN.

ANNÉE d'exercice.	HECTARES occupés.	FAMILLES transportées.	CAPITAL versé.	ACTIF	FRAIS (1)
1re	1,000	20	200,000	1er versement.... Fr. 200,000 Intérêts des comptes courants......... 5,000 Contribution des colons.............. 20,000 225,000	Construction de vingt maisons................ 60,000 Id. pour l'administration et travaux d'utilité publique...... 10,000 Plantation et travaux de campagne........ 30,000 Réparation (2) 1 p. 0/0. 1,000 Intérêt sur le capital versé................ 10,000 Somme destinée aux comptes courants... 100,000 1er 10e à l'État sur les premiers 1,000 hectares (3............. 5,000 Intérêt à 3 p. 0/0 sur les 9/10es............. 1,350 Solde à nouveau..... 7,650 225,000
2e	2,000	40	400,000	Solde précédent.... 7,650 2e versement........ 2 0,000 Intérêts des comptes courants......... 10,000 Contribution des colons de 1re année. 40,000 —de 2e année...... 20,000 277,650	Construction de vingt maisons................ 60,000 Travaux d'utilité publique............ 10,000 Plantation, travaux de campagne........ 30,000 Réparations......... 2,000 Somme destinée aux comptes courants... 100,000 Intérêt sur le capital versé (4)............. 20,000 2e 10e à l'État sur les premiers 1,000 hectares..... 5,000 Intérêt 3 p. 0/0 sur les 8/10es....... 1,200 1er 10e sur les seconds 1,000 hectares...... 5,000 Intérêt sur les 9/10es restant........... 1,350 Solde à nouveau..... 43,100 277,650

(1) Dans ce tableau, on ne fait pas figurer les honoraires des directeurs. Ceux-ci seront intéressés dans l'entreprise, et leur part d'intérêt sera fixée d'accord avec les associés.

(2) Les frais de réparation des maisons et des plantations sont évalués, comme avant, à 1 pour 0/0 pour les premières cinq années, et à 2 0/0 pour les secondes cinq années sur le capital déboursé.

(3) Le paiement des terres à l'État sera fait par dixièmes, en dix années, avec 3 pour 0/0 d'intérêt sur les sommes restant dues, au fur et à mesure que la Société entrera en possession.

(4) Pour simplifier les calculs, nous faisons figurer, chaque année, la totalité des intérêts sur les comptes courants, tandis qu'une partie doit être portée au compte du capital.

ANNÉES d'exercice.	HECTARES occupés.	FAMILLES transportées.	CAPITAL versé.	ACTIF.	FRAIS.
3e	3,000	60	500,000	Solde précédent.... 43,100 3e versement....... 100,000 Intérêts des comptes courants......... 15,000 Contribution des colons, la 1re année. 60,000 — la 2e année...... 40,000 — la 3e année...... 20,000 278,100	Construction de vingt maisons............ 60,000 Travaux publics...... 10,000 Plantation et travaux de campagne....... 30,000 Réparations........... 3,000 Somme pour les comptes courants....... 100,000 Intérêt sur le capital versé............. 25,000 3e 10e sur les 1ers 1,000 hectares........... 5,000 Intérêt sur les 7/10es restant dus......... 1,050 2e 10e sur les 2es 1,000 hectares........... 5,000 Intérêt sur les 8/10es restant dus......... 1,200 1er 10e sur les 3es 1,000 hectares......... 5,000 Intérêt sur les 9/10es restant dus........ 1,350 Solde à nouveau..... 31,500 278,100
4e	4,000	80	600,000	Solde précédent.... 31,500 4e versement....... 100,000 Intérêts des comptes courants......... 20,000 Contribution des colons, 1re et 2e années......... 120,000 — 3e année........ 40,000 — 4e année........ 20,000 331,500	Construction de vingt maisons............ 60,000 Travaux publics...... 10,000 Plantation et travaux de campagne....... 30,000 Réparations........... 4,000 Somme pour les comptes courants........ 100,000 Intérêt sur le capital versé............. 30,000 4e 10e des 1ers 1,000 hectares........... 5,000 Intérêt des 6/10es..... 900 3e 10e des 2es 1,000 hectares........... 5,000 Intérêt des 7/10es.... 1,050 2e 10e des 3es 1,000 hectares........... 5,000 Intérêt des 8/10es..... 1,200 1er 10e des 4es 1,000 hectares........... 5,000 Intérêt des 9/10es..... 1,350 Solde à nouveau...... 73,000 331,500

ANNÉES d'exercice	HECTARES occupés	FAMILLES transportées	CAPITAL versé	ACTIF.	FRAIS.
5e (1)	5,000	100	600,000	Solde précédent.... 73,000 Intérêts des comptes courants (2).. 25,000 Rétribution des colons 1re, 2e et 3e années......... 190,000 — 4e année........ 40,000 — 5e année......... 20,000 338,000	Construction de vingt maisons............ 60,000 Travaux publics...... 10,000 Plantation et travaux de campagne....... 20,000 Réparation (3)........ 5,000 Somme pour les comptes courants........ 100,000 Intérêt du capital versé........ 30,000 5e 10e sur les 1res 1,000 hectares........ 5,000 Intérêt sur les 5/10es.. 750 4e 10e sur les 2es 1,000 hectares........ 5,000 Intérêt sur les 6/10es. 900 3e 10e sur les 3es 1,000 hectares........ 5,000 Intérêt sur les 7/10es.. 1,050 2e 10e sur les 4es 1,000 hectares........ 5,000 Intérêt sur les 8/10es.. 1,200 1er 10e sur les 5es 1,000 hectares........ 5,000 Intérêt sur les 9/10es.. 1,350 Solde à nouveau...... 72,750 338,000
6e	5,000	100	600,000	Solde précédent.... 72,750 Amortissement du 5e des comptes courants des colons du premier transport (4)...... 20,000 Intérêt de 480,000 fr. sur les comptes courants........... 24,000 Rétribution des colons, 1re, 2e, 3e et 4e année......... 240,000 — 5e année......... 40,000 Rapport de la plantation (5)........... 20,000 416,750	Intérêt sur le capital versé........... 30,000 Réparations........... 6,000 6e 10e sur les 1res 1,000 hectares............ 5,000 Intérêt sur 4/10es..... 600 5e 10e sur les 2es 1,000 hectares........... 5,000 Intérêt sur 5/10es..... 750 4e 10e sur les 3es 1,000 hectares........... 5,000 Intérêt sur 6/10es..... 900 3e 10e sur les 4es 1,000 hectares........... 5,000 Intérêt sur 7/10es..... 1,050 2e 10e sur les 5es 1,000 hectares........... 5,000 Intérêt sur 8/10es..... 1,200 Solde à nouveau...... 351,250 416,750

(1) Cette année, on aura fini le transport des familles ; on aura dépensé 150,000 francs pour les plantations, et on aura ouvert aux colons un compte courant de 500,000 francs.

(2) Jusqu'à présent, nous n'avons pas tenu compte des intérêts sur les soldes annuels, à cause de l'exiguité des sommes, qui constituaient, d'ailleurs un fonds de réserve pour l'exercice ; mais dès à présent on évaluera l'intérêt à 5 pour 0/0.

(3) On évalue les frais de réparation à 2 pour 0/0 après cinq ans.

(4) Chaque convoi de familles a 100,000 fr. de dette de compte courant, dont il amortit un cinquième chaque année, après cinq ans de demeure à l'exploitation.

(5) Le rapport de la plantation, évalué selon les règles que nous avons déjà indiquées, donnera annuellement 20,000 francs à chaque convoi de familles, après cinq ans de demeure à l'exploitation.

ANNÉES d'exercice.	HECTARES occupés.	FAMILLES transportées.	CAPITAL versé.	ACTIF		FRAIS.	
7e	5,000	100	600,000	Solde précédent.	351,250 »	Intérêt du capital versé.., ...	30,000 »
				Intérêt sur cette somme.......	17,562 50	Réparation........	7,000 »
				Amortissement du cinquième des comptes courants de 1re et 2e années..	40,000 »	7e 10e sur les 1ers 1,000 hectares..	5,000 »
						Intérêt sur 3/10es.	450 »
				Intérêt sr 440,000 fr. de comptes courants..	22,000 »	6e 10e sur les 2es 1,000 hectares..	5,000 »
						Intérêt sur 4/10es.	600 »
				Contribution des colons........	300,000 »	5e 10e sur les 3es 1,000 hectares..	5,000 »
						Intérêt sur 5/10es.	750 »
				Rapport de la plantation....	40,000 »	4e 10e sur les 4es 1,000 hectares..	5,000 »
						Intérêt sur 6/10es.	900 »
						3e 10e sur les 5es 1,000 hectares..	5,000 »
						Intérêt sur 7/10es.	1,050 »
						Solde à nouveau.	705,062 50
					770,812 50		770,812 50
8e	5,000	100	600,000	Solde précédent.	705,062 50	Intérêt sur le capital versé.....	30,000 »
				Intérêt sur cette somme.......	35,253 10	Réparations	8,000 »
				Amortissement du cinquième des comptes courants de 1re, 2e et 3e année..........	60,000 »	8e 10e sur les 1ers 1,000 hectares..	5,000 »
						Intérêt sur 2/10es.	300 »
						7e 10e des 2es 1,000 hectares........	5,000 »
				Intérêt sur les comptes courants, 380,000 francs........	19,000 »	Intérêt sur 3/10es.	450 »
						6e 10e des 3es 1,000 hectares.......	5,000 »
						Intérêt sur 4/10es	600 »
				Contribution des colons.......	300,000 »	5e 10e sur les 4es 1,000 hectares..	5,000 »
						Intérêt sur 5/10es.	750 »
				Rapport de la plantation....	60,000 »	4e 10e sur les 5es 1,000 hectares..	5,000 »
						Intérêt sur 6/10es.	900 »
						BÉNÉFICE	1,113,315 60
					Fr. 1,179,315 60		Fr. 1,179,315 60

A la fin de la huitième année d'exercice, la société aurait donc en caisse la somme de fr. 1,113,315 60
plus, elle aurait une créance en compte courant avec les colons de. . . . . 380,000 »

Par contre, elle aurait à payer : fr. 1,493,315 »
à l'État pour solde de terres fr. . . . . 100,000 »
aux associés pour capital versé fr. . . . . 600,000 »

fr. 700,000 »

soit, restant à la société un bénéfice net en argent de . . . . fr. 793, 315 60

Plus, une propriété toute payée de 5,000 hectares, plantée, défrichée, mise en rapport, avec constructions, rapportant annuellement 400,000 fr., avec possibilité d'augmentation.

OBSERVATIONS GÉNÉRALES.

Dans l'exécution de ce projet, le seul risque auquel s'exposerait la Société serait une légère perte de temps au commencement de l'entreprise, attendu qu'il sera difficile d'exécuter dans la première année toutes les constructions et toutes les plantations ; peut-être aussi le colon risquerait-il de perdre trois ou quatre mois de temps ; mais, cette perte, qu'on pourra peut-être éviter, sera bien minime en comparaison des bénéfices très considérables que la Société réalisera par la suite.

Or, puisque nous venons de démontrer :

Que les terres sont très fertiles, et qu'on peut les avoir à un prix très modique,

Que les moyens de culture sont suffisants,

Qu'on peut trouver facilement des familles, en leur faisant des conditions si avantageuses,

Que ces familles ont la facilité, et même la certitude, de payer leur contribution à la Société ;

On demande quel obstacle peut s'opposer à la réalisation de notre projet?

Il faut noter, en outre, que nous avons fixé à 50 fr. l'hect. le prix d'achat du terrain à l'Etat, en nous chargeant de bâtir, de peupler, de planter, tandis qu'à ces conditions le gouvernement donne les terres pour rien ou à peu près, comme il a déjà fait pour les sociétés jusqu'à présent établies en Algérie.

Nous avons établi 20 fr. pour prix moyen d'un hectolitre de blé. Cette année on l'aurait vendu 27 fr., ce qui donnerait une différence en plus de 7 fr., soit sur 15,000 hectolitres un bénéfice de 105,000 fr. ou 10 1/2 p. 100 d'augmentation de profit à la société.

Quant à la plantation, nous avons établi des chiffres si bas, que, dans le fait, nous serons toujours au-dessus de notre devis.

Il faut aussi remarquer que les baux seront susceptibles par la suite d'une petite augmentation, et que ce bénéfice se trouvera d'autant plus grand que la Société aura amorti la moitié de son capital.

Il serait d'une grande utilité de réserver au directeur un lot de terre, à l'effet d'établir, sous sa direction immédiate, une pépinière pour le remplacement des arbres sur la propriété, pour servir de modèle et d'école, où les colons apprissent les cultures qui conviennent à l'Algérie, et les meilleures méthodes à suivre. Bien qu'on ait eu soin de choisir les familles dans les endroits où les cultures qu'on veut pratiquer sont familières, nous croyons que ce sera pour eux d'un bon effet d'avoir sous les yeux un exemple à suivre, un modèle à imiter.

A l'effet de venir encore plus en aide aux colons, au temps de la moisson, l'administration pourra tenir à leur disposition quelques-unes des principales machines agricoles, telles que la moissonneuse, la machine à battre le blé, etc., etc. L'administration donnera en location ces machines aux colons, moyennant un prix fixe et sur leur demande.

Elle pourra même avoir tous les appareils de distillation pour provoquer et encourager la culture si lucrative du sorgho à sucre. Dans ce cas, elle achèterait aux colons leurs produits verts, et en ferait la distillation à ses risques et périls. De cette manière, le colon touchera tout de suite le rapport de sa terre et ne sera pas distrait de ses occupations journalières, tandis que la Compagnie trouvera un bénéfice important dans la distillation.

La Société a établi ses calculs sur une valeur moyenne des denrées qu'elle recevra des colons en paiement de leur rétribution, mais cette valeur sera au-dessous de la valeur réelle, et permettra d'augmenter encore le rapport annuel. — La Société doit partager ce surplus de bénéfices, qui est en dehors de son budget, avec le colon, afin d'améliorer toujours sa position et de le mettre de plus en plus en mesure de faire honneur à ses engagements.

Ces secours ne sont pas, comme on pourrait le croire, de peu d'importance; car, comme nous l'avons déjà vu, cette année, il y aurait eu une augmentation de 7 fr. sur les blés, soit pour la Société une augmentation de bénéfices de fr. 105,000, dont la moitié aurait constitué aux colons un secours de plus de 500 fr. par famille.

La richesse d'une famille, comme d'une nation, peut être augmentée par le perfectionnement de l'art agricole, qui augmente la quantité de la production sans augmenter le prix de la consommation. Cela est indépendant de la nature du gouvernement, dont les seuls actes administratifs peuvent avoir une action directe sur l'augmentation ou sur la diminution de la production et sur sa valeur annuelle, parce qu'ils peuvent animer ou affaiblir l'écoulement des produits, et par conséquent le zèle et le bras de l'homme qui aurait pu être utile producteur ou commerçant.

L'agriculture en Algérie, malgré les louables efforts du gouvernement pour la généraliser, est encore bornée à un faible périmètre autour des grandes villes. Elle est encore une science théorique. Peu de personnes savent adapter aux terres qu'elles possèdent, un genre de culture convenable. L'assolement des terres, indispensable pour en empêcher l'épuisement et pour en augmenter la fertilité, est peu connu et très peu pratiqué, la préparation des fumiers négligée, la théorie des engrais enfouis, ignorée ; le système d'irrigation non compris.

Quels immenses avantages ne pourrait-t-on pas obtenir en introduisant certaines cultures nouvelles en Algérie, sitôt qu'elles seront familières aux colons?

La culture du lin, par exemple, selon les systèmes pratiqués dans la province de Créma en Lombardie, ne serait-elle pas quatre fois plus productive que la culture du blé? Elle serait d'une pratique facile, sans besoin d'arrosement, puisqu'il se trouve partout en Algérie à l'état sauvage, et se récolterait un mois avant le blé. — Son produit offrirait par la graine un revenu que le colon pourrait aussitôt convertir en argent, tandis que la tige lui fournirait du travail pour l'hiver, les jours de pluie et de chômage.

En introduisant le système lombard d'irrigation ne serait-il pas permis de faire la culture du riz à eau courante, si facile et si productive? Ne pourrait-on pas établir des prairies artificielles, d'un rapport si prodigieux?

Nous croyons que la pratique des cultures européennes doit d'abord être la base de notre exploitation agricole, nous réservant de passer aux cultures tropicales et industrielles quand nous aurons profité de l'expérience des autres, et dès que des essais répétés nous auront donné les règles à suivre et garanti le succès.

La méthode d'exploitation que nous proposons n'est pas tout à fait nouvelle. L'expérience en a déjà sanctionné l'efficacité. — Elle a été pratiquée à la fin du siècle passé par tous les établissements de bienfaisance lombards.— Ces établissements ont presque toutes leurs dotations en terres. Ils donnaient en location ces terres aux colons, en leur fournissant en même temps tout ce qu'il fallait pour les exploiter : cheptel, matériel agricole, semences, et jusqu'aux fourrages. Ils ne demandaient aux colons que les bras et l'intelligence. — Aujourd'hui, presque tous les riches fermiers de ces établissements, que nous voyons cultivant toujours la même propriété, de père en fils depuis plus de 100 ans, sont les descendants de ces pauvres colons auxquels les établissements ont donné les premiers moyens de cultiver la terre.

Dès que l'utilité de notre méthode d'exploitation serait bien reconnue et constatée, comme cela a déjà eu lieu en Lombardie, le gouvernement prendrait en considération le rôle important que serait appelée à jouer dans l'avenir de l'Algérie une Société qu'il adopterait.

En effet, le colon, après dix ans de séjour en Afrique, se sera créé une position financière assez bonne pour pouvoir aspirer à l'achat du terrain qu'il a cultivé et qu'il affectionne comme la source de sa richesse. Rien n'empêchera la Société de constituer, même d'avance, un prix modéré du terrain et de le livrer à ses colons quand ils pourront le payer.

La Société, au moyen des capitaux qu'elle recevra des colons et des bénéfices qu'elle en retirera, répétera l'opération une seconde fois, et ainsi de suite, couvrant de ses entreprises le sol algérien. Le problème de la colonisation étant résolu, on verra, comme par enchantement, le pays prospérer et se couvrir d'une population laborieuse et sage, qui rendra son antique splendeur à cette fertile province.

Un exercice rural dans les conditions que nous venons d'indiquer serait d'une prompte exécution, attendu que le proposant aurait à ses ordres *presque toutes les familles* à transporter ; il ferait la fortune de la Société, celle du colon et celle du pays où s'établirait la Compagnie. Ce projet entre dans les vues de colonisation du gouvernement, et répond aux besoins de la situation du pays, qui a tourné son attention vers l'Algérie.

RÉSUMÉ.

L'Algérie présente toutes les conditions et tous les éléments nécessaires au développement d'une grande entreprise agricole. Le climat y est salubre, la terre féconde, l'eau excellente, la position heureuse et centrale. Le prix des terres est insignifiant ; elles ne sont grevées d'aucun impôt ; le débouché des produits est prompt et assuré.

Malgré cette belle perspective, nous voyons une injuste torpeur peser sur les affaires algériennes, et les capitaux montrent une répugnance marquée à se réunir en compagnies pour la formation de grandes exploitations agricoles. On préfère abandonner une voie qui aboutit à un résultat d'utilité publique plutôt que d'en étudier les défauts pour les corriger, les obstacles pour les vaincre. Et pourtant, combien d'entreprises industrielles n'ont pu atteindre à ce haut degré de prospérité qu'après avoir traversé une série d'expériences manquées, d'espérances frustrées ! néanmoins elles ne présentaient pas de prime abord une perspective de bénéfices aussi importants que les entreprises agricoles.

Nous attribuons cette répugnance des capitalistes à trois causes principales :

1° A l'incertitude des revenus annuels des exploitations agricoles ;

2° Au temps qu'il faut attendre avant que les bénéfices deviennent considérables ;

3° A la mauvaise réussite de tant d'entreprises agricoles qui, après avoir fait naître de grandes espérances et des projets magnifiques, n'ont pu être menées à bonne fin.

En étudiant les causes qui ont fait échouer ces entreprises agricoles en Algérie, nous trouvons qu'on n'a pas assez associé le capital au travail, qu'on n'a pas su choisir ou créer un système d'exercice rural adapté aux conditions du pays.

Chaque émigrant y porte les habitudes et les défauts de son pays plutôt que les connaissances et la bonne pratique, et bien peu savent modifier leur travail suivant les besoins de la localité. Il en résulte que, pour une foule de cultures, on en est encore à des expériences incertaines, tandis que pour le bon agronome, qui travaille d'après des règles et des données fondamentales, le succès n'est pas douteux.

Pour qu'une Société agricole puisse prospérer en Algérie, il faut que son exercice rural soit tel qu'il parvienne :

1° A présenter au capitaliste un revenu prompt et sûr ;

2° A éviter les grands frais du défrichement ;

3° A vaincre les obstacles de la rareté et de la cherté de la main-d'œuvre ;

4° A présenter un assolement comprenant les cultures les plus fructueuses et les mieux adaptées au pays ;

5° A présenter une surveillance facile sur le cheptel et sur le matériel agricole ; simplicité de gestion et impossibilité de dilapidation du fonds social.

Avec le système proposé, nous croyons avoir écarté tous les obstacles et atteint le but. En effet, nous avons 1° rendu prompt et sûr le revenu de la terre en l'exploitant au moyen des fermiers que la Compagnie aura créés avec son argent, le payement de la rétribution étant assuré par sa modicité même ;

2° Evité les frais de défrichement, dont la Compagnie a fait un objet de spéculation pour le colon qui reçoit les moyens de l'effectuer. De cette manière, la Société aura besoin d'un fonds social beaucoup plus petit ; elle pourra étendre ses opérations avec le même capital et offrir au capitaliste un intérêt plus élevé de son argent ;

3° Vaincu l'obstacle de la rareté et de la cherté de la main-d'œuvre en cherchant à l'étranger les bras nécessaires et en les fixant au sol ;

4° Indiqué au colon à quelles cultures il doit se livrer et quel sera son bénéfice, et pour cela, nous avons cru convenable de faire suivre notre projet d'un appendice agricole, afin de mieux expliquer l'assolement des terres et d'éclaircir ce que nous y avions exposé ;

5° Intéressé le colon à la garde et au soin du matériel agricole, relié le bien-être des employés à la prospérité de la Compagnie ; empêché la possibilité de la perte du fonds social, qui, de fait, se trouve toujours représenté ou en terrains et maisons, ou en argent sous la forme de comptes-courants ouverts aux colons, de sorte que, lorsque ces comptes-courants seront fermés, cette partie du capital social restera comme un fonds d'amortissement pour la Société.

Avec notre système, chaque famille aura en bail 50 hectares de terrain, et la Société lui prêtera pour la culture 5,000 fr. pour cinq ans à 5 pour 100. En outre, elle dépensera pour la construction des maisons et pour les plantations autres 5,000 fr., de sorte que chaque famille coûtera à la Compagnie 10,000 fr. ; la rétribution annuelle en nature que doit payer le colon après la troisième année est de 3,000 fr., et de 4,000 fr. après la cinquième. La dixième année, quand le prêt de 5,000 fr. fait à chaque famille sera entièrement remboursé, la Compagnie n'aura plus qu'un déboursé de 5,000 fr. pour lequel, en contributions et en produit des plantations, elle recevra annuellement 4,000 fr., soit 80 pour 100 de son capital.

Le projet est d'une exécution prompte et facile, attendu que le soussigné se chargerait de fournir à la Société les terres à exploiter et les colons à y transporter aux termes et conditions par lui indiquées.

En développant le mode de constitution et la marche de la Société que nous proposons, nous n'avons fait qu'indiquer en passant de quelle manière l'élimination par la Société de la partie active de la culture des champs, l'obligation imposée au colon du payement de la contribution en nature, et la rentrée à la Société des sommes affectées aux comptes courants laissent à celle-ci le temps et les moyens de se vouer à la partie industrielle, en associant à l'exploitation agricole des établissements pour la transformation première des produits du sol. Dans l'appendice agricole, nous avons plus complètement développé et fait connaître cette source de bénéfices pour la Société, bénéfices assez importants pour doubler ceux de l'agriculture sans obliger les fondateurs à de nouveaux versements.

On voit très clairement l'impulsion que recevrait la colonisation et l'avenir de l'Algérie par la création de ces établissements industriels. Jusqu'à ce que l'industrie privée ait envahi ce pays, le rachitisme dont son existence est infectée ne pourra complètement disparaître.

C'est injustement qu'on voudrait faire peser sur le gouvernement et sur sa forme administrative toute la responsabilité du découragement général pour les affaires africaines, et de la répugnance des capitalistes pour les entreprises agricoles algériennes. Il est bien vrai que la bureaucratie peut présenter beaucoup d'obstacles à l'obtention d'une terre en concession, mais ce n'est pas elle assurément qui entrave le développement de l'agriculture dès qu'une concession a été obtenue.

L'inertie de l'Algérie, si riche en éléments de prospérité, est produite par bien d'autres causes. Elle dépend peut-être plus de l'individu que des règles fondamentales de l'État, qui peut se tromper sur les moyens, mais jamais sur le but.

L'augmentation de la population européenne en Algérie fera disparaître tous les obstacles qui s'opposent à un progrès rapide.

La substitution du pouvoir civil à l'autorité militaire, la création des chemins de fer, le mode d'aliénation des terres domaniales, le réveil de l'industrie privée se substituant à l'action infructueuse de l'État, la création de villages, qui se constituent aujourd'hui avec une population toujours la même et qui court d'un endroit à un autre à la recherche d'une fortune qui lui échappe toujours ; ce sont là autant de résultats subordonnés à l'augmentation de la population de la colonie. Là existe la véritable plaie, et dès qu'elle sera guérie, le mal sera déraciné.

Tous les efforts de l'État doivent tendre à peupler le pays, à attirer en Algérie le torrent d'émigration qui est présentement dirigé vers l'Amérique, à rechercher quels défauts organiques de sa législation empêchent l'émigrant de se diriger vers l'Afrique, où les conditions naturelles sont meilleures que dans le Nouveau-Monde, et à modifier ses lois dans ce but. Une des erreurs capitales consiste à favoriser de préférence l'émigration purement française, trop peu nombreuse par elle-même et qui enlève à la mère-patrie les bras qu'elle donne à la colonie.

Si l'on dirigeait pendant quelque temps une émigration européenne vers l'Afrique, l'aspect de ce pays serait bientôt changé. La naturalisation des émigrants et des propriétaires, ou du moins de la génération qui leur devrait le jour, aurait, en vingt ans, fait de l'Algérie une France nouvelle, riche et florissante.

APPENDICE AGRICOLE

Nous n'avons pas l'intention d'exposer ici les différentes cultures de tous les végétaux qui prospèrent d'une manière si merveilleuse en Algérie, et dont le nombre est tellement grand qu'il nous entraînerait à faire un traité complet d'agriculture pratique, travail qui a été entrepris par tant d'autres et avec un plein succès.

Nous nous bornerons à faire remarquer les quelques points principaux qui, dans la marche de l'exploitation, pourraient intéresser aussi bien les familles des colons que la Société par nous proposée.

L'exploitation étant basée sur les loyers dont les colons sont redevables, il est évident que l'avenir de la Société dépend exclusivement de la position de ces colons et de la manière dont ils pourront parvenir à payer la contribution convenue.

Il est nécessaire par conséquent de connaître et de déterminer à l'avance :

1° Quel assolement des terres sera le plus convenable, et devra se pratiquer de préférence, afin que le sol ne puisse perdre ses propriétés productives.

2° La méthode de culture, les frais et le rendement des végétaux, faisant partie de l'assolement, et la situation du colon.

3° La part qui, dans l'exploitation, est réservée à la Société, soit dans l'agriculture, comme plantations, irrigations, etc., soit dans l'industrie, comme manufacture des produits, louage de machines agricoles, etc.

CHAPITRE Ier.

ASSOLEMENT A PRATIQUER.

Le renouvellement des principes fécondateurs enlevés au sol par la végétation est le but que doit se proposer l'agronome pour empêcher l'épuisement de la terre.

Les moyens pour y parvenir sont les engrais externes ou internes. L'air, l'eau et le soleil décomposant les détritus organiques, produisant les sels et développant les gaz, en sont les grands créateurs.

Comme tous les végétaux ne se nourrissent pas des mêmes principes, l'assolement est immensément avantageux et devient indispensable à l'agriculteur en ce qu'il donne au terrain le temps de refaire les principes fécondants enlevés par un végétal, qui, après une culture d'un an, ne doit reparaître qu'au bout d'un certain laps de temps.

En adoptant un assolement, nous avons eu soin :

1° Qu'il pût fournir les moyens de fumer les terres.

2° Que les végétaux cultivés présentassent au colon un travail qui pût l'occuper sans cesse et ne jamais s'accumuler.

3° Qu'il comprît les cultures les plus productives et les plus convenables au pays, ainsi qu'à l'aptitude du colon.

Nous proposons l'assolement suivant, embrassant une période de cinq années.

La première année, immédiatement après le défrichement du sol, on cultivera les céréales, blé, avoine et orge.

La deuxième année, du même terrain, on formera une prairie avec trèfle, luzerne et herbes fourragères.

La troisième année, on maintiendra la prairie.

La quatrième année, on rompra la prairie pour y semer du lin.

La cinquième année, on cultivera du tabac, du coton ou du sorgho à sucre. Ensuite, on reviendra à la première culture des céréales.

Si, dans cette dernière année, le colon voulait cultiver un végétal demandant à rester dans le sol, trois, quatre années, ou même davantage, comme la garance, la cochenille ou le ricin, il aura soin, lorsqu'il changera la culture, d'ensemencer l'espèce qu'il aurait fallu employer s'il avait suivi régulièrement l'assolement sus-indiqué.

Les familles de colons, possédant chacune une étendue de terrain de 50 hectares, auront, quand leur terrain sera entièrement défriché et mis en rapport, leurs cultures et leurs terres représentées de la manière suivante :

Hectares 10 en blé.
—   20 en prairie.
—   10 en lin.
—   10 en tabac, coton ou sorgho à sucre.
Total : 50

Dans la première année, le blé est nécessaire, d'abord pour la formation de la litière, pour les bestiaux ; ensuite parce que sa culture est facile, connue, et la réalisation du produit très prompte ; ce végétal convient mieux que tout autre à un terrain qui vient d'être défriché, son développement étant suffisamment favorisé par les détritus organiques existant sur la surface du sol depuis longtemps en friche. Pendant l'hiver, là où il y a du blé on sèmera les fourrages, de manière qu'au moment de la récolte du blé on trouve la prairie toute faite. En automne, on fera la première coupe des fourrages pour servir à la nourriture des bestiaux pendant l'hiver.

La deuxième année, la prairie étant formée, on pourra faire trois

ou quatre coupes, même sans irrigation, surtout si l'on a eu soin de
semer de la luzerne, qui, vu la profondeur de ses racines, peut résister
à l'ardeur du soleil. Dans cette année, le colon achètera par conséquent le nombre de bêtes à cornes qu'il pourra nourrir avec le surplus de fourrages destinés à l'entretien des bêtes de labour.

La troisième année, le colon conservera sa prairie, mais l'étendue en
étant doublée, il augmentera le nombre des bêtes à cornes. La société
interdira rigoureusement, dans le bail, aux colons, d'élever, sur la
propriété, des chèvres ou des moutons. Ce genre de bestiaux, qui
peut être utile sur un terrain impropre à la culture, devient absolu-
ment nuisible là où le terrain est cultivé. Après la dernière coupe des
fourrages, la prairie sera rompue et l'on préparera le terrain à recevoir la graine de lin pour la récolte de l'année suivante.

La quatrième année, le colon aura son terrain ensemencé en lin.
Vers la fin du mois de mai, le lin sera mûr sans avoir eu besoin
d'être arrosé; de cette manière, le sol sera débarrassé et libre pendant le reste de l'année. Le colon devra, dans l'intervalle, raviver
la fertilité du sol par les labours des mois d'août, ou en semant les
lupins, la vesce ou tout autre végétal destiné à être enfoui, et avoir
ainsi le terrain prêt au printemps suivant pour recevoir le tabac, le
coton ou le sorgho.

Le sol algérien convient parfaitement à la culture du lin, que l'on
rencontre en grande abondance à l'état sauvage. La cinquième année,
le colon aura un terrain bien préparé pour recevoir au printemps
le tabac, le coton, le sorgho à sucre ou toute autre culture qu'il lui
plairait d'entreprendre. Après cette année, le colon renouvellera la
même culture selon l'ordre que nous venons d'exposer.

Voyons maintenant si cet assolement répond aux besoins de l'engraissement des terres, de la distribution du travail et de l'utilité.

ENGRAISSEMENT.

La propriété d'un agronome doit être exploitée de manière à ce
que, chaque année, le terrain puisse économiser les principes fécondateurs, et par conséquent se trouver toujours en augmentation de produits.

La distance des grands centres de population, le manque de routes,
les frais de transport exorbitants, mettent le colon dans l'impossibilité de se procurer des engrais étrangers ou artificiels. Il est donc
indispensable que le colon puisse les produire lui-même annuellement sur son terrain.

On obtient la plus grande quantité d'engrais par l'élève des bestiaux, et conséquemment par le plus grand nombre possible de prairies naturelles et artificielles.

Il faut ici remarquer que, sur une étendue donnée de terrain cultivé en prairie, on peut nourrir un certain nombre de bestiaux qui
produisent une quantité de fumier suffisante, non-seulement à l'entre-

tien de la prairie, mais encore à une quantité plus grande de terrain; il en résulte que l'agriculteur devra établir son assolement de manière à se ménager assez de prairies pour fournir le fumier nécessaire à toute sa propriété, sans préjudice des autres moyens fécondateurs dont il pourra se servir. En effet, les cultures que l'on appelle labours d'août, engrais verts, repos du terrain, sont autant d'engrais auxiliaires.

Il sera superflu de fumer le terrain la première année, lors de la culture du blé, attendu que le sol sera suffisamment chargé de principes fécondants, provenant des détritus organiques utilisés par le défrichement, ou suffisamment fumé et préparé par la précédente culture de tabac, sorgho, etc.

Il sera indispensable de fumer la prairie la seconde et la troisième année. Dans cette période, le colon forme, pour ainsi dire, la bonne nature du terrain, puisque le sol étant cultivé en prairie, il n'est pas épuisé, et on peut le considérer comme étant presque en repos; au surplus, on le fume deux fois consécutivement.

La quatrième année, le lin n'aura pas besoin d'engrais, et comme on le récolte de très bonne heure, le colon aura le temps de restituer la force productive à la terre au moyen des labours d'août ou des engrais à enfouir.

La cinquième année, tabac, coton ou sorgho trouveront, comme nous l'avons déjà dit, un terrain bien préparé et qu'on devra néanmoins fumer.

Par cette méthode, l'engraissement étant appliqué aux quatre cinquièmes du terrain, sa fertilité et sa production doivent nécessairement s'augmenter progressivement.

D'après ce qui précède, voici la situation du terrain d'un colon :

10 hectares	cultivés	à blé,	sans engrais.
10 —	—	à lin,	avec labour d'août ou engrais vert.
20 —	—	à prés,	avec engrais.
10 —	—	à tabac, coton ou sorgho,	avec engrais.
50			

En conséquence, il cultivera 30 hectares, pour lesquels il lui faudra le fumier, qui sera produit au moyen des fourrages provenant de 20 hectares seulement de prairie.

Le produit d'un hectare de terrain à prairie sera modestement évalué de 70 à 80 quintaux de fourrage sec. Remarquons bien qu'il n'est question ici que de prairie formée par le trèfle ou la luzerne (*medica sativa*), etc., donnant trois ou quatre coupes, qui, dans les premières années, sont très productives. Les prairies artificielles, à eau courante pendant l'hiver (*marcite*), comme on les trouve dans la Lombardie, dans le Piémont et en Hollande, quoique d'un rapport prodigieux, ne doivent pas encore figurer dans les prévisions d'une grande exploitation en Algérie, vu le manque d'irrigation. Elles ne peuvent être établies qu'exceptionnellement dans quelques localités , et il suffira de les mettre au nombre des avantages éventuels de l'exploitation.

A raison de 15 kilogrammes par jour, avec 55 quintaux à peu près de fourrage, on pourra nourrir pendant une année une bête à cornes d'une taille moyenne : conséquemment, avec deux hectares, on pourra nourrir trois bêtes.

Le colon, avec ses 20 hectares de prairie et au moyen de l'assolement proposé par nous, pourra entretenir continuellement trente bêtes pour pourvoir au fumier de son terrain. Or, une bête de moyenne taille, lorsqu'elle est fournie d'une suffisante quantité de litière, et en tenant compte du temps qu'elle reste hors de l'étable pour paître ou pour travailler, produit, dans une année, assez de fumier pour un hectare et demi de terrain. Le colon, avec ses trente têtes de bestiaux, amassera donc du fumier pour 45 hectares, tandis que réellement il ne lui en faudrait que pour 30 hectares.

Dans la basse Lombardie, nous avons toujours remarqué que la fertilité , la prospérité et la valeur d'une propriété étaient en raison directe de la quantité de prairie qu'elle contient. Une propriété tout entière en prairies vaut et rend le double d'une propriété d'une étendue égale, dont la moitié seulement est en prairies.

Lorsqu'un tiers de la propriété est en prairies, sa fertilité augmente encore, parce que les principes fécondants s'accumulent; lorsqu'un quart seulement est en prairie , sa fertilité reste stationnaire, et lorsqu'elle ne possède que la cinquième ou la sixième partie de son étendue en prairie, sa force productive dépérit tous les ans.

Ce calcul se trouve pourtant modifié sensiblement par l'industrie de l'agriculteur, qui peut se procurer des engrais étrangers ou y suppléer par d'autres moyens, par exemple, par les engrais enfouis, par les labours d'août, par le repos des terres et par un assolement raisonné. Certaines conditions topographiques exceptionnelles peuvent aussi demander la culture d'une certaine espèce de végétaux , préférablement à ceux que nous venons d'indiquer.

On peut se rendre compte de la valeur d'une propriété rien qu'en calculant la proportion qui existe entre les prairies et sa surface totale.

L'agriculteur a donc le moyen d'augmenter la valeur et le produit de ses terres en établissant des prairies qui , déjà productives par elles-mêmes, augmentent encore la fertilité des terres affectées à d'autres cultures.

Presque tous les propriétaires algériens, pour faire de l'argent, ont l'habitude de vendre tous leurs fourrages et de ne garder que ce qu'il en faut pour nourrir leurs bêtes de travail. — Par cette méthode, on détruit d'un seul coup tout l'avantage des prairies , qui, réclamant pour elles-mêmes un fumier qu'elles ne servent plus à produire, donnent, tous les ans, un revenu de plus en plus faible, et entraînent avec elles le dépérissement des autres cultures.

Dans la basse Lombardie et dans le Piémont, pays modèles pour la production des fourrages et pour la manière dont le propriétaire les utilise, celui-ci défend formellement au fermier, sous peine d'une forte amende, la vente des fourrages, paille, chaume, en un mot, de tout ce qui peut servir à la production du fumier ; au contraire, il impose au fermier la consommation sur place. C'est seulement dans le cas où les prairies se trouvent dans une proportion trop grande qu'il permet la vente du foin de la première coupe.

Cette méthode lombarde doit être adoptée par la Compagnie à l'égard de ses colons, et c'est là un point essentiel, puisque, avant tout, il est du plus grand intérêt pour la Société de conserver et d'augmenter les forces productives de la propriété, pour éviter de se trouver ensuite dans la nécessité de diminuer les loyers à l'époque du renouvellement des baux.

Nous examinerons plus tard les bénéfices résultant pour les colons de cette portion de fourrages inutiles à l'entretien des bêtes de travail, et qui sera destinée à la nourriture d'un nombre proportionné de vaches laitières.

DISTRIBUTION DU TRAVAIL.

Il est très important, pour une famille de colons établie dans une localité où la main-d'œuvre est rare et coûteuse, de choisir un assolement qui puisse, en évitant l'affaiblissement de la fécondité du terrain, comprendre une telle qualité de végétaux, présenter une main-d'œuvre si bien distribuée pendant l'année entière, qu'on évite le chômage aussi bien que les travaux simultanés.

Par l'assolement que nous avons exposé plus haut, le colon aura partagé le temps de l'ensemencement, moitié en automne : lin et blé, et moitié au printemps : tabac, coton et sorgho. Les récoltes se feront également au printemps pour le lin, en été pour le blé et le foin, et en automne pour le tabac, le coton ou le sorgho.

Pendant l'été, le colon restera continuellement occupé à la culture des champs et à la récolte des produits, et, pendant l'hiver, on trouvera un travail suivi, pour les hommes aussi bien que pour les femmes, dans la préparation de la tige du lin.

UTILITÉ DES CULTURES INDIQUÉES.

Toutes les espèces de végétaux cultivés sur un champ ne produisent pas le même bénéfice en argent ; il est donc évident que l'agriculteur a le plus grand intérêt à ce que son assolement comprenne les espèces de végétaux les plus productifs.

Il ne faudra pourtant pas oublier de se conformer à la capacité du colon et à ses moyens pécuniaires ; de même, il sera bon d'empêcher que l'étendue du terrain ou le débouché des produits ne soient un obstacle à la périodique culture des végétaux. C'est principalement par ces motifs que nous avons évité de faire entrer dans notre assolement certaines cultures industrielles, par exemple la cochenille, qui pourtant sont d'un rendement très avantageux.

Notre assolement comprend pour quatre cinquièmes de cultures de premier ordre, telles que lin, prairie, tabac, coton ou sorgho, qui sont d'une culture facile et d'une dépense ordinaire, présentent un bénéfice considérable et se débitent facilement.

Ainsi, nous pensons que l'état de langueur où se trouve l'agriculture dans presque toutes les propriétés algériennes tient surtout au défaut d'un assolement convenable.

Les cultivateurs inexperts se bornent ordinairement à la culture des céréales, en la continuant plusieurs années jusqu'à l'épuisement complet de leur terrain, et c'est seulement par exception et sur quelques points de leur propriété, le plus souvent choisis au hasard, qu'ils établissent de petites cultures plus productives, sans avoir préalablement formé un plan d'opérations qui consolide leur avenir. Ajoutons à cette imprévoyance l'habitude qu'ils ont contractée de vendre leurs fourrages, et par conséquent le manque de moyens nécessaires pour maintenir la fécondité du sol, et nous ne serons plus étonnés de voir leurs propriétés devenir impropres à la production ; de là, les déceptions, les illusions perdues et le regret d'avoir quitté leur pays. Ils ne s'aperçoivent pas que dans leur incapacité même se trouve la source de tous les maux qu'ils reprochent à l'ingratitude du sol qu'ils ont choisi pour leur seconde patrie.

CHAPITRE II.

MÉTHODE DE CULTURE ; FRAIS, RENDEMENT ET SITUATION FAITE A LA FAMILLE DU COLON.

La culture des végétaux indiqués dans notre assolement ne demande pas des connaissances spéciales pour l'Algérie ; il n'est pas besoin de faire des innovations ; il suffira que la méthode à suivre soit puisée à bonne source, et que la culture soit soignée et effectuée en temps opportun.

Il sera plus nécessaire d'examiner si les moyens possédés par le colon suffisent à ses cultures, et si avec les produits il peut satisfaire à ses engagements vis-à-vis de la Société, tout en conservant une aisance proportionnée.

Dans le projet de Société que nous avons conçu, nous avons assigné une contenance de 50 hectares à une famille de colons composée de cinq membres actifs au moins, et nous lui avons attribué une subvention de 5,000 fr.

Nous avons vu qu'il est possible à cette famille d'avoir, en peu d'années, tout son terrain défriché et mis en rapport ; car, la Compagnie a fait du défrichement une spéculation pour le colon, et elle lui prête les moyens de l'effectuer.

Nous avons vu que, dans ces différentes périodes, la famille possède toujours et les moyens de défricher et ceux de subsister, tout en réalisant des bénéfices assez considérables.

Nous avons aussi démontré que, dans une période de cinq années, tous les membres de la famille, hommes et femmes, pendant l'été comme pendant l'hiver, auront gagné une moyenne de 4 fr. 55 c. par jour et en comptant les jours de fêtes et de chômage.

En établissant ces chiffres, nous n'avons pas voulu tenir compte d'une foule de petits bénéfices, qui constituent néanmoins une somme assez considérable pour une famille, et nous nous sommes simplement basés sur la culture du blé, à raison d'un rendement brut de 400 fr. par hectare.

Voyons maintenant à quelles dépenses serait tenu le colon, et quel serait son bénéfice, si la propriété tout entière était en pleine exploitation, d'après l'assolement proposé par nous, et tenons-nous toujours dans des prévisions tellement modérées qu'elles puissent défier toute objection.

Nous disions que les cultures d'une famille seront représentées de la manière suivante :

10	hectares	céréales;
20	—	prairies;
10	—	lin;
10	—	tabac, coton ou sorgho.

Total   **50**

Voulant attribuer une valeur à chacun de ces produits, nous faisons remarquer, pour ce qui regarde le pré, que le seul argent que le colon retire de la vente du lait est entré dans notre calcul, sans aucun égard aux fourrages nécessaires à la nourriture des bestiaux de travail et à l'avantage fait à la propriété par les fumiers qui, en dernière analyse, font partie du produit brut de la prairie.

Nous avons vu que, moyennant 20 hectares de prairie, le colon peut nourrir largement trente têtes de bestiaux. Pour labourer 50 hectares, il lui faudra tout au plus quatre chevaux et six bœufs : il pourra donc entretenir continuellement sur son terrain vingt vaches à lait. Il vendra ce lait à un prix fixe et convenu à la Compagnie, qui se chargera de le manipuler comme nous le verrons ensuite.

En portant à 200 fr. le produit annuel d'une vache, nous resterons certainement au-dessous du vrai, puisque, en Europe, ce chiffre est de moitié plus élevé.

Il est pourtant vrai qu'en Algérie les vaches ne sont pas très lactifères ; mais il est aussi prouvé que ce n'est là qu'un résultat du peu de soin qu'on leur donne, en les laissant constamment sans abri, exposées à toutes les intempéries de la saison, avec la plus mauvaise nourriture. Cependant la cherté du lait, du beurre et du fromage peuvent, d'une certaine manière, compenser cette infériorité de la production.

D'ailleurs, pour qu'une vache donne un rendement de 200 fr., il suffit qu'elle puisse produire une moyenne de cinq litres et demi de lait par jour, et que l'administration le paye dix centimes le litre.

La vente des veaux et des vaches stériles ou manquant de lait suffira à la conservation de la vacherie.

Nous pouvons donc affirmer, sans craindre de nous abuser, que les 20 vaches donneront un produit de 4,000 fr. ou 200 fr. par hectare de prairie.

Tous les 50 hectares présenteront au colon le revenu brut suivant :

10 hectares à blé à fr.	400 l'hectolitre,	fr.	4,000
20 — à prés à fr.	200	—	fr.	4,000
10 — à lin à fr.	800	—	fr.	8,000
10 — à tabac ou etc., à fr.	500	—	fr.	5,000
Pour la plantation selon le projet.		fr.	1,000
		Total. . .	fr.	22,000

La dépense totale à faire pour subvenir à la culture de la propriété sera représentée, pour ce qui regarde la main-d'œuvre, par la famille du colon, et en voulant supposer que les 5 membres actifs composant cette famille ne suffisent pas, nous en compterons encore quatre, que nous supposons engagés pour toute l'année à raison de 2 fr. par jour, nourriture comprise.

La dépense effective pour le colon sera, par conséquent, 4 journaliers à 2 fr.	2,920
Pour semence de blé, fr.	250
— de lin, fr.	1,200
— de tabac, coton ou sorgho, fr.	250
Rétribution à la Compagnie, fr.	3,000
Intérêt sur la somme de 5,000 fr. du compte courant, fr.	250
Détérioration du cheptel et du matériel, fr.	1,000
Fr. . . .	8,870
Bénéfice pour le colon, fr.	13,130
Fr. . . .	22,000

Ce qui constitue un revenu de 36 fr. et quelques centimes par jour, pour chaque famille, soit une journée de 7 fr. 20 c. par jour et par chaque individu, en hiver et en été, y compris les fêtes et les jours de chômage.

Nous ne craignons pas d'être contredit en affirmant que, jusqu'à présent, aucune compagnie agricole en Algérie n'a pu présenter au colon une si brillante position, et n'oublions pas que c'est précisément sur cette position exceptionnelle faite au colon que se trouve basé l'avenir de la Compagnie et la prompte colonisation de l'Algérie.

CHAPITRE III.

PART RÉSERVÉE À LA COMPAGNIE DANS L'EXPLOITATION AGRICOLE.

Il est fâcheux de voir la facilité avec laquelle se produisent et grandissent les idées tendant au développement de l'agriculture, sans que jamais on songe à y joindre un projet industriel pour la création d'établissements propres à la première manufacture des produits agricoles, comme s'il n'était pas assez connu que l'industrie est intimement unie à l'agriculture et alimentée par elle, et que l'une est la conséquence immédiate de l'autre.

Outre l'utilité résultant pour la Compagnie de la création de ces établissements, on trouverait en eux un moyen très puissant de colonisation et de prospérité, qui attirerait en Algérie un grand nombre d'ouvriers, empressés d'y accourir, dès qu'ils seraient sûrs d'y trouver du travail.

Leur salaire qu'ils seraient obligés de consommer sur place serait encore une source de profit pour l'agriculture, et augmenterait les produits et la richesse du pays.

Notre but sera donc d'associer à l'agriculture la première manufacture des produits du sol, au moins pour ceux que nous récoltons nous-mêmes. Par cette féconde association, nous pouvons présenter à nos actionnaires un double avantage, puisque, pour la création et la marche de ces établissements, nous utiliserons les mêmes capitaux, devenus libres et superflus à l'agriculture comme on le verra plus loin.

Afin de donner plus de clarté au court exposé que nous allons faire des opérations réservées directement à la Société, nous appelons l'attention de nos lecteurs sur les quatre articles suivants :

1° Opérations à faire pour l'établissement de l'exploitation, relativement à l'agriculture ;

2° Opérations à faire relativement à la manufacture des produits agricoles ;

3° Bénéfices résultant pour la Société de la manufacture des produits ;

4° Capitaux dont la Compagnie doit se servir.

ARTICLE 1er. — *Opérations d'établissement relativement à l'agriculture.*

La première opération de la Compagnie sera le partage du terrain en lots de 50 hectares chacun. Ce partage doit se faire de manière à conserver la plus parfaite égalité, à établir une juste compensation, en tenant compte de la nature du sol et des conditions topographiques du lot, comme voisinage des sources, des routes, etc. Les lots devront, si c'est possible, être d'une seule pièce.

Dans le partage, on aura soin de réserver un emplacement au

centre du domaine pour y établir la maison de l'administration, pour y créer les établissements industriels et enfin pour la ferme modèle, la pépinière, etc. Le partage fait, la Compagnie devra s'occuper immédiatement de faire construire la maison de l'administration et les maisons des colons.

Le capital de 50,000 fr., alloué dans notre projet pour la construction de la maison de l'administration, est largement suffisant.

La Compagnie se limitera, dans les premières années, à ces constructions et, en attendant, elle préparera les plans et les devis pour les établissements industriels, qui ne devront être bâtis que plus tard, lorsque la production de la colonie sera supérieure aux besoins de son alimentation.

Il est inutile d'exposer ici la description des plans et des devis de la maison administrative et des maisons des colons. Nous remarquerons simplement, quant à ces dernières, que la somme de 3,000 fr., allouée dans notre projet pour chaque maison, est plus que suffisante. La Compagnie de Sétif ne dépense que 2,000 fr. environ pour ces constructions et, si nous avons élevé ce chiffre à 3,000 fr., c'est que nous voulons qu'elles soient munies de hangars et de dépendances pour le placement des produits.

La réunion de toutes les maisons dans un seul village présenterait cet inconvénient que le colon serait obligé de demeurer loin de ses terres ; il serait exposé à de fortes dépenses pour le transport des denrées, et trouverait difficile et incommode la surveillance de son cheptel et de son matériel agricole.

D'ailleurs, si on voulait construire chaque maison au centre de chaque lot, la Compagnie se trouverait obligée à un surcroît de dépense pour les routes, les puits, les fontaines, etc., en un mot, pour tous les travaux d'utilité commune qu'elle devrait multiplier.

L'administration devra donc concilier autant que possible les intérêts de la Compagnie avec ceux du colon, en formant dix ou douze groupes de maisons au milieu desquels se trouvera la maison de l'administration, et dans ces groupes, les maisons seront situées à une distance telle que chacune d'elles avoisinera le lot de son propriétaire, selon un plan qu'en temps opportun nous pourrons soumettre à l'appréciation de l'administration de la Compagnie.

Au fur et à mesure que les maisons seront construites et en état de pouvoir être habitées, l'administration procédera à l'installation des familles qu'elle aura embauchées d'avance.

L'administration fera exécuter sur le lot de chaque colon la plantation nécessaire jusqu'à la concurrence de la somme destinée à cet objet et déterminée dans le projet. On se servira de préférence de la main-d'œuvre du même colon. En même temps, on entreprendra les travaux d'assainissement et d'irrigation, en tenant compte des circonstances de la localité.

Cela fait, l'administration fera avec chaque colon un bail de dix années, mais que le colon pourra résilier, à la fin de la cinquième année, si ses comptes envers la société sont soldés.

Le prix de ce bail sera soldé en produits du sol et devra être basé sur un chiffre hypothétique de 20 fr. par hectare, la première année, de 40 fr. la seconde, et de 60 fr. la troisième et les suivantes. En outre, le partage du rendement des arbres, tels que mûriers, vignes, olives, etc., comme cela se pratique ordinairement.

Pour les travaux d'assainissement ou de drainage, la Compagnie n'exigera aucune compensation ; mais, pour les travaux d'irrigation, le colon fournira à la Compagnie un intérêt raisonnable et proportionné à la quantité d'eau qu'il reçoit et aux déboursés faits par l'administration.

Chaque famille de colons devra à l'administration une contribution de **150** hectolitres de blé de première qualité à partir de la troisième année de son installation. Mais comme la cinquième partie seulement de son terrain est planté en blé et comme, sur cette cinquième partie, il lui serait probablement difficile de trouver toute la quantité de blé qui lui est nécessaire pour faire face à son engagement, il en résulte que, pour compléter sa contribution, il lui faudra avoir recours à d'autres produits, qui seront perçus d'après une table de rapport (*tavola di ragguaglio*) dressée par l'administration et basée sur le prix moyen des produits.

Il sera donc facultatif au colon de substituer à un hectolitre de blé estimé en moyenne 20 fr. un demi-hectolitre de graine de lin estimé en moyenne 40 fr. l'hectolitre, ou bien 4 quintaux de foin estimés en moyenne 5 fr. le quintal, ou bien 200 litres de lait estimés en moyenne 10 c. le litre, ou bien 20 kilog. de tabac première qualité, ou 10 quintaux de tiges de sorgho à 2 fr. le quintal, etc., etc.

Ce mode de paiement en nature sera pour le colon d'une très grande facilité et présentera à la Compagnie une meilleure garantie.

ARTICLE II. — *Opérations à exécuter par la Compagnie relativement à la manufacture des produits.*

La Société étant constituée de la manière que nous avons indiquée, toute la partie active de l'exploitation ne sera plus de son ressort et restera entièrement confiée aux colons, qui deviennent de véritables fermiers. L'administration ne devra plus s'occuper que de la haute surveillance de l'exploitation.

La Compagnie trouvera donc un champ ouvert à son activité dans l'industrie et dans la première manufacture des produits de ses terres. Par ce moyen, elle aura créé un prompt débouché aux produits du colon, qui, promptement récompensé du prix de ses peines, sera stimulé au travail ; elle aura diminué les frais de transport de ses produits qui, manufacturés, perdront en volume ce qu'ils gagneront en valeur, et elle se procurera une nouvelle et abondante source de richesses, tout en favorisant la colonisation et le bien-être du pays par le grand nombre d'ouvriers qu'elle sera obligée d'entretenir.

La compagnie, achetant tous les produits de ses colons, les établissements à fonder devront être assez vastes pour suffire à la totalité de la production.

Nous avons vu qu'une famille de colons aura 10 hectares cultivés en blé. Ces 10 hectares pourront donner une moyenne de 15 hectolitres par hectare, soit pour cent familles 15,000 hectolitres de blé. La Compagnie pourra donc établir sur un cours d'eau, ou en se servant d'une force motrice à vapeur, un moulin capable de moudre cette quantité de blé, et elle vendra ses farines sur place ou à l'étranger, selon qu'elle le trouvera plus convenable.

Nous avons vu que chaque famille peut entretenir sur son terrain 20 vaches laitières, soit 2,000 vaches pour cent familles. La Compagnie formera par conséquent un nombre suffisant d'établissements pour la fabrication du fromage. Elle pourra créer une fromagerie pour chaque groupe de maisons. Chaque famille apportera journellement le lait de ses vaches à la fromagerie au prix déterminé d'avance ; on lui en tiendra compte, et l'administration lui en fera le paiement deux fois par an ; dans l'intervalle, le colon pourra toucher des à-comptes, lorsque la totalité de sa contribution sera soldée. Plus tard, l'administration effectuera en temps opportun, en gros ou en détail, la vente des fromages et de tout ce que produit la manipulation du lait.

Pour ce qui regarde le lin, la Compagnie pourra en tirer un léger profit, en établissant la macération chimique, afin d'enlever à la tige la partie ligneuse, d'après les méthodes les plus récentes, et de cette manière, elle aura évité l'obstacle du manque d'eau et des miasmes méphitiques.

La manipulation de la tige du lin sera laissée au colon, ce travail devant constituer son occupation pendant l'hiver et les jours de chômage.

Enfin, lorsque l'exploitation aura pris tout le développement dont elle est susceptible, la Compagnie pourra élargir la sphère de ses opérations au point de fonder un établissement pour la filature du lin.

La Compagnie possédera, pour le colon, un égrénoir qui servira aux colons, ainsi que toutes les machines et appareils nécessaires à la distillation du sorgho à sucre. Elle achètera ce dernier produit, vert, en tige ou en graine, et elle en effectuera la distillation pour son propre compte.

Quant aux produits provenant des plantations, la Compagnie aura établi, pour ce qui concerne le mûrier, une grande magnanerie centrale, d'après le système de M. Dandolo, et le colon pourra y élever, sous la direction du gérant, la quantité de vers à soie qui sera proportionnée au nombre de mûriers existant sur son terrain.

L'administration construira aussi une filature contenant un nombre de fourneaux proportionné à la quantité de cocons recueillis dans la colonie, et se procurera des fileuses intelligentes à l'étranger.

La Compagnie sera finalement pourvue de tout ce qui est nécessaire à la fabrication de l'huile d'olive, ainsi que de tous les appareils exigés pour la fabrication et la conservation du vin.

Les cocons, les olives et le raisin seront en totalité dévolus à la Compagnie, et le colon n'aura le droit de recevoir que la moitié de leurs valeurs.

L'administration lui déterminera un prix moyen raisonnable, et le colon sera obligé de prêter gratis sa main-d'œuvre, soit pour l'éducation des vers à soie, soit pour la fabrication de l'huile et du vin, comme cela se pratique ordinairement dans les pays vinicoles et séricicoles.

Une spéculation très importante, que l'on a à tort négligée jusqu'à présent, c'est la culture des abeilles. L'Algérie, par la douceur de son climat, par la richesse de sa flore et par le nouvel aliment dernièrement découvert (les tourteaux de sésame et d'autres graines oléagineuses qui peuvent servir d'excellente nourriture pendant l'hiver) pourrait exploiter, sur une très grande échelle, la production du miel et de la cire. On obtient ce produit pour ainsi dire sans frais, et rien qu'en rendant populaire la connaissance des bonnes méthodes d'apiculture.

La Compagnie devra fournir à chaque famille au moins vingt ruches dont le produit sera partagé par moitié avec le colon.

Afin que le colon soit distrait le moins possible de ses travaux et, pour lui rendre plus faciles et plus promptes ses opérations, la Compagnie devra tenir à sa disposition un assortiment complet d'instruments agricoles, qu'elle pourra lui vendre ou louer, ainsi que les principales machines d'agriculture, dont l'utilité est généralement constatée, qu'elle cédera journellement aux colons contre une faible rétribution représentant l'intérêt du prix d'achat de la machine et son usure.

Ces instruments et ces machines principales sont : les charrues simples, les charrues à défoncer, les charrues fouilleuses, herses, rouleaux, coupe-racines, hache-paille, baratte à beurre, égrenoir à maïs, etc. La moissonneuse de Mac-Cormik servant aussi de faucheuse, la batteuse, moulin portatif pour le blé, à grandes dimensions, de Bouchon, un moulin à huile, une machine pour égréner le coton, la faneuse de Dray et Cᵉ, de Londres, et en général toutes ces machines et ces instruments reconnus parfaits, faciles à manier et à réparer en cas de rupture.

ARTICLE III. — *Bénéfices réalisables par la première manufacture des produits.*

Il est évident que, si l'on pouvait faire servir les mêmes capitaux employés dans l'agriculture à la manufacture des produits obtenus, on aurait doublé l'intérêt et le bénéfice de la Société.

Nous avons vu dans le prospectus de l'exploitation par nous proposée, que, par la seule agriculture, on peut parvenir aisément à un résultat de 65 pour 100 sur les capitaux employés par la Compagnie, et nous n'avons tenu aucun compte des bénéfices qu'on pourrait réaliser par les établissements industriels. Il nous suffisait alors de mentionner ces bénéfices que nous allons maintenant examiner dans leur ensemble et d'une manière approximative.

Ces bénéfices consistent dans le prix du produit manufacturé, déduction faite du prix de la matière première et des frais de fabrication.

En commençant par le blé, nous remarquerons que les minoteries prospèrent d'une manière fabuleuse en Algérie, à tel point qu'aujourd'hui on compte presque 240 moulins mus par la vapeur, par l'eau, par le vent ou par un manége.

Nous avons vu que la Compagnie, procédant d'après l'assolement exposé, peut compter opérer sur 15,000 hectolitres de blé, qui représentent la production de 1,000 hectares de terrain.

Un hectolitre de blé rend ordinairement 80 pour 100 de farine de première et seconde qualité, 15 pour 100 en son et 5 pour 100 représente la perte.

Nous aurons donc, pour 15,000 hectolitres de blé, 12,000 hectolitres de farine 1re et 2me qualité à 35 fr. l'hectolitre.   420,000 fr.

2,250 hectolitres de son   à 10   —   22,500

Total :   442,500 fr.

A déduire :

15,000 hectolitres de blé à 20 fr.   300,000 fr.

Intérêt du prix de revient de l'usine et de ses accessoires évalués 50,000 fr.   2,500

Amortissement du capital et usure du matériel.   5,000

Main-d'œuvre représentée par 15 ouvriers à 3 fr. par jour et 1 à 5 fr.   18,250

325,750 fr.

Bénéfice de la minoterie.   116,750

Somme égale. . . . .   442,500 fr.

En effet, les premières usines de ce genre établies en Algérie taxèrent leurs services au prix de 6 fr. le quintal. La concurrence a réduit ce chiffre de moitié et davantage. Aujourd'hui, on paye par quintal de 1 fr. 50 c. à 2 fr. sans remoulage ni blutage, de 2 à 3 fr. avec remoulage et sans blutage, de 3 à 4 fr. avec remoulage et blutage. Ces prix sont encore supérieurs à ceux de France, où telle manufacture perçoit dans certaines contrées le vingtième en nature ou une mesure sur vingt.

On voit, d'après les données précédentes, que la Compagnie, en substituant le commerce des farines au commerce du blé, parviendrait encore à obtenir ce considérable bénéfice que la concurrence vient de détruire.

Pour ce qui concerne la fabrication du fromage, nous avons vu que la Compagnie peut disposer du lait provenant de deux mille vaches, représentant la production, en fourrages, de 2,000 hectares de terrain.

La production en lait d'une vache est de 20 hectolitres par an, au moins, lesquels seraient payés, par la Compagnie au colon, à raison de 10 francs l'hectolitre.

Voulant constater les bénéfices résultant de la fabrication du fromage, on devrait calculer le prix du fromage fabriqué et des produits accessoires, déduction faite du prix du lait et des frais de manipulation.

Les nombreuses variétés de fromages nous mettent dans l'impossibilité de faire ce calcul; mais nous aurons une donnée juste et déterminée en évaluant les éléments qui composent le lait et qui entrent nécessairement dans la fabrication du fromage.

Le lait se compose de trois substances bien distinctes : 1° substance grasse ou beurreuse, qui est la plus légère; 2° la caséine, ou *albumine*, plus lourde et plus solide; 3° la substance aqueuse, ou petit lait.

La nature plus ou moins bonne du lait dépend de la proportion différente dans laquelle ces éléments entrent dans sa composition.

La mauvaise nourriture des vaches, le climat, l'eau, l'état de santé de la bête, la qualité des fourrages et une foule d'autres circonstances peuvent altérer les proportions.

Dans la fabrication du fromage, n'entrent que les deux premières substances, c'est-à-dire la beurreuse et la caséine, et elles sont modifiées par le *caglio*, par le calorique et par l'influence de l'air extérieur.

La différence des qualités de fromages dépend de la différente manière de proportionner la substance beurreuse et la caséine. Le fromage qu'on appelle *parmesan*, par exemple, est composé d'un tiers de matière grasse, ou beurre, et deux tiers de caséine; tandis que, dans les fromages blancs nommés (*stracchini*), ces substances se combinent par moitié.

Il serait facile à un agronome instruit et intelligent de déterminer les proportions de la caséine et de la matière beurreuse contenues dans chaque espèce de fromage, et de fabriquer à volonté la qualité qu'il préfère.

La fabrication du fromage, que nous voudrions voir confiée à des personnes éclairées et capables de reconnaître et d'appliquer les modifications nécessaires aux proportions sus-indiquées, se trouve généralement aux mains ignorantes de personnes incapables, qui travaillent sans règles et sans principes, se livrant aveuglément à la fabrication du fromage que le hasard voudra faire sortir.

Les deux éléments composant le fromage, savoir, la caséine et le beurre, n'ayant pas la même valeur, la qualité plus convenable par rapport au prix de revient sera celle qui emploiera une moindre quantité de l'élément le plus cher. — Par exemple, si, avec une quantité de 10 kilogrammes de matière moitié caséine moitié beurre, je fabrique du fromage blanc (*stracchini*) dans lequel les proportions des deux éléments sont égales, j'obtiendrai simplement 10 kilogrammes de fromage; si, au contraire, je fabrique du fromage parmesan dans lequel la proportion du beurre soit à la caséine comme 1 est à 2, j'obtiendrai 7 kilogrammes et demi de fromage, et il me restera un surplus de 2 kilogrammes et demi de beurre : or, comme la valeur du beurre est double en Algérie de celle du fromage, cette dernière qualité sera la plus convenable.

Dans 1 hectolitre de lait, se trouvent 10 kilogrammes et davantage de matière solide constamment dans les proportions suivantes : 5 kilogrammes de beurre et 5 kilogrammes de caséine.

Nous évaluons très modestement à 1 fr. le kilogramme la caséine et à 2 fr. le beurre : en moyenne 1 fr. 50 c. Remarquons que le beurre se vend en Algérie de 4 à 5 fr. le kilogramme.

Le surplus, ou les fractions de matière solide au delà de 10 kilogrammes, et tout le petit lait provenant d'un hectolitre de lait, couvrent suffisamment les frais de fabrication, relativement minimes. — Voulant utiliser ce petit lait pour la nourriture des cochons, on obtiendrait aussi une quantité considérable de fumier très apprécié pour les prairies.

Il en résulte que la Compagnie vendrait 15 fr. net 1 hectolitre de lait qu'elle aurait payé 10 fr., et, par conséquent, elle obtiendrait, sur la production de 2,000 vaches, soit 40,000 hectolitres de lait, ayant coûté, à 10 fr. l'hectolitre. . . . . 400,000 fr. une quantité de fromage et de beurre pour, ... 600,000 fr. c'est-à-dire qu'elle réaliserait 200,000 fr. de bénéfice par la seule manipulation du lait.

Non moins important serait le bénéfice que la Compagnie obtiendrait par la distillation du sorgho à sucre. Le rendement de la distillation qui serait dû à la Compagnie peut s'évaluer au double du rendement qui serait dû au colon en produit agricole.

La Compagnie doit faire tous ses efforts pour étendre parmi ses colons cette féconde culture, qui cependant ne pourra prospérer qu'autant qu'elle sera soutenue par l'industrie de la distillation.

La tige du sorgho, qui constitue le produit agricole, ne peut pas s'exporter à cause de son poids et de son volume; il est nécessaire de lui faire subir une préparation avant de pouvoir le livrer au commerce, et cette préparation doit se faire sur place ou à peu de distance. Par conséquent, la création des usines pour la distillation est le seul moyen de développer cette culture.

La Compagnie achètera du colon les produits à distiller, tels que les tiges et les graines, en lui abandonnant les feuilles pour servir à la nourriture des bestiaux. On n'est pas généralement d'accord sur l'évaluation du rendement d'un hectare de terrain planté de sorgho, ni sous le rapport de la culture ni sous le rapport de la distillation.

M. Hardy, directeur de la pépinière centrale d'Alger, dans son rapport au ministre de la guerre, année 1856, évalue le rendement d'un hectare à 8,313 fr. aux prix actuels, et à 3,340 fr. au prix le plus bas de l'alcool.

MM. Lacoste et Madinier évaluent à 2,700 fr. le rendement d'un hectare de sorgho vendu en nature, et à 9,241 fr. la même quantité de produit converti en alcool.

M. Bourdais, distillateur à Constantine, présente un rendement de 3,404 fr. par hectare.

M. Roy, inspecteur de la colonisation, d'après des recherches consciencieuses, évalue modestement à 710 fr. le bénéfice net du colon et à 1,006 fr. le bénéfice du distillateur.

Les variations dans ces évaluations dépendent des différentes conditions de la terre cultivée, de la plus ou moins bonne culture, de l'existence ou de la non existence de l'irrigation, et enfin de la méthode que l'on a suivie pour l'extraction de l'alcool.

En effet, nous voyons que M. Hardy fait monter à 832 quintaux les tiges d'un hectare à sorgho, M. Bourdais le réduit à 520, M. Roy à 350, M. Vilmorin à 493, M. Vauterin à 200, etc. Aussi l'extraction de l'alcool, ordinairement calculée à raison de 3 litres et 60 centilitres par quintal de tiges, d'après la méthode de macération suivie par M. Bourdais, a rendu jusqu'à 5 litres et 20 centilitres.

Nous prendrons pour bases les données présentées par M. Latour-Mézeray, préfet du département d'Alger, dans son rapport adressé au ministre de la guerre, comme étant le plus conforme à une sage comparaison entre les différents comptes rendus, et à une savante appréciation de la différence existant entre une culture effectuée dans une pépinière et une exploitation établie sur une vaste échelle.

En résumé, M. Latour-Mézeray évalue à 1,180 fr. le produit brut d'un hectare de terrain et 430 fr. les frais de culture, de manière que, selon lui, il reste au cultivateur un bénéfice net de 750 fr. ; et il évalue de la manière suivante le bénéfice qu'on aurait en distillant le produit d'un hectare :

1° 350 quintaux de tiges donnant 3 litres et 60 centilitres par quintal, savoir : 1,260 litres, au prix de 1 fr. 75 c. le litre, fr.   2,205 »

2° 140 quintaux de bagasse à 1 fr. le quintal, fr. . .   140 »

Total. . . .   2,345 »

A déduire :

Valeur des tiges à 2 fr. le quintal, fr. . . . .   700 »

Frais de distillation à 60 c. le litre, fr. . . . .   756 »

Perte et frais de transport calculés à 6 fr. l'hect., fr.   72 60

1,528 60

Bénéfice du distillateur. 816 40

Bien que ces calculs soient modérés, afin de prévenir toute objection, nous faisons encore subir une réduction au produit de la distillation et nous établissons pour son évaluation le chiffre de 700 fr. par hectare.

Par l'assolement indiqué par nous, la cinquième partie de la propriété, 1,000 hectares, est affectée à la culture du sorgho, du tabac ou du coton. La culture du sorgho sera, il est vrai, encouragée par la Compagnie de préférence aux autres, nous voulons cependant bien admettre que les colons n'affecteront à cette culture que la quatrième partie de leur terrain, c'est-à-dire 250 hectares. La Compagnie obtiendra toujours par la distillation un bénéfice net de $250 \times 700 = 175,000$.

A ces avantages de premier ordre, il faut ajouter un petit bénéfice qu'on peut réaliser avec l'apiculture, moyennant des frais minimes et rien qu'en se procurant les abeilles et en construisant les ruches.

20 ou 30 ruches par chaque famille, et en total 2,000 ou 3,000, ne causeraient aucun dérangement et pourraient rendre une moyenne de 10 ou 12 fr. chacune. Le miel est extrêmement recherché en Algérie et la cire se paye plus de 4 fr. le kilog. Ceci formerait un revenu de 20,000 fr. par an, lequel devrait être partagé avec le colon et donnerait à la Compagnie un bénéfice net de 10,000 fr.

En voulant résumer les bénéfices de la seule partie industrielle de notre exploitation, nous aurons :

Pour les établissements de minoterie, fr.	. . . .	116,000
—	de fromagerie, fr.	200,000
—	de distillerie, fr.	175,000
Apiculture, fr.		10,000
	Total, fr. . . .	501,000

qu'on doit ajouter aux bénéfices déjà obtenus par l'exploitation purement agricole.

Nous n'avons pas parlé de plusieurs autres sources industrielles de bénéfice ouvertes à la Compagnie, d'abord parce qu'il nous serait impossible d'en déterminer le montant à cause de l'instabilité de certains produits, ensuite parce que l'existence de l'institution de bureaux d'achat créés par le Gouvernement fait trouver un avantage plus direct dans la vente immédiate de certains produits.

D'ailleurs, nous avons en vue principalement de définir ici plutôt l'utilité de la méthode par nous proposée que le chiffre des bénéfices. Néanmoins, nous mentionnerons comme autant de sources de bénéfice, dont nous n'avons pas encore parlé :

1° L'établissement de procédés à vapeur, usités en Irlande et ceux pratiqués en Belgique par M. Clauzel, au moyen de l'action chimique de la soude caustique, afin de se passer de la macération à la manufacture du lin ;

2° L'établissement des filatures pour les cocons, si l'on se procurait à l'étranger des fileuses intelligentes et si l'on pratiquait les meilleures méthodes connues. Ici, il est utile d'observer que quelquefois les bureaux d'achat, afin d'encourager dans la colonie l'industrie séricicole, peuvent payer les cocons à un prix tel qu'il n'est plus avantageux de les filer. Comme aussi il peut arriver qu'on se trouve frustré du bénéfice qu'on espérait réaliser, s'il survient une baisse dans le prix des soies pendant la filature. Dans ce cas, il se pourrait qu'un kilog. de soie ne représentât plus qu'un produit égal ou même moindre que celui de kil. 12,300ᵉˢ de cocons nécessaires à sa production ; mais de toutes manières, on aura toujours l'avantage d'avoir diminué les frais de transport, d'avoir facilité et assuré le débouché ;

3° Se procurer de bonnes machines pour égrener le coton. En Amérique, c'est le colon même qui fait l'égrenage. Ils ont de petites machines coutant 80 fr. mues par un seul homme, qui égrènent 40 livres de coton par jour ; une machine mise en mouvement par un cheval coûte 600 à 800 fr. et égrène 350 à 450 livres de coton par jour (136 à 181 kilog.). Elle emploie un ouvrier maître et deux seconds. La machine dite Sangins, de 150 lames de scies, sert à l'égrenage du coton longue-soie et peut fournir 200 kil. de coton net, par douze heures de travail.

Le rapport qui existe entre le prix du coton non égrené et le prix du coton égrené, y compris les pertes et frais, indiquera la convenance ou de travailler pour le compte d'autrui, ou d'acheter le coton brut du colon et de le vendre égrené aux bureaux d'achat.

4° Etablir les pressoirs et les appareils pour l'extraction de l'huile d'olive, ainsi que tout ce qui est nécessaire pour la fabrication du vin et sa conservation ;

5° Louer et vendre aux colons les machines et ustensiles agricoles. Il existe à Alger des Compagnies qui se chargent de la moisson à tant par hectare, et elles l'exécutent au moyen de machines moissonneuses. Si ces Compagnies trouvent leur convenance à courir le risque de l'incertitude du travail, combien plus de convenance y trouvera notre Société qui, outre l'assurance du travail, a pour but de faciliter le colon dans ses opérations agricoles et de lui assurer la récolte !

L'utilité de certaines machines agricoles se trouve plutôt dans une économie de temps que d'argent. En effet, le colon aimerait mieux employer avec sa famille toutes les journées nécessaires à la moisson d'un hectare de terrain qui représentent 30 fr., mais pour lesquelles en fait il ne débourse rien, plutôt que de payer effectivement 10 fr. par hectare pour la machine, n'était l'économie de temps, car elle lui fait éviter les risques qui menacent toujours la récolte.

Nous avons vu d'où viendra et quel sera le bénéfice d'une Société basée de cette manière sur l'association de l'industrie et de l'agriculture, du capital et du travail ; il reste à présent à prouver à l'aide de quels moyens elle peut arriver à atteindre son but sans demander de nouveaux versements d'argent et sans changer les proportions susdites entre le capital social et le terrain à exploiter.

ARTICLE IV. — *Capitaux dont devra se servir la Compagnie pour la création et la marche des établissements manufacturiers.*

Dans la constitution de la Société, suivant la méthode par nous indiquée, nous avons affecté la moitié du fonds social (500,000 fr.) à la culture. Cette somme reste à la disposition du colon, sous forme de compte courant, jusqu'à concurrence de son crédit, qui est fixé à 5,000 fr. pour chaque famille. Mais ce crédit, ouvert par la Compagnie au colon, n'a qu'une durée de cinq années, et, ce délai passé, la Compagnie commence à diminuer ses avances d'un cinquième par année, de manière qu'à la sixième année elle aura en caisse le surplus, équivalant à ce cinquième, c'est-à-dire 100,000 fr., sans compter les intérêts accumulés, comme il est dit dans notre projet; à la septième année, elle aura en caisse deux cinquièmes ou 200,000 fr., et ainsi de suite. Ces capitaux devenus inutiles et superflus pour l'agriculture sont destinés à former les fonds de réserve et d'amortissement du capital social.

Or, rien n'empêche la Société d'appliquer ces capitaux, au fur et à mesure de leur rentrée, à la formation d'établissements manufacturiers. Elle en tirerait un bénéfice de 100 pour 100, et par conséquent, avec les seuls bénéfices, elle pourrait subvenir au fonds de réserve et d'amortissement. De cette manière, en augmentant les immeubles de l'exploitation, on augmente le fonds social et on double les garanties à offrir aux intéressés.

La nécessité de ces établissements ne se fera pas sentir dès les premières années de l'exploitation, mais elle surgira lorsque l'assolement aura accompli sa période, au fur et à mesure que la plantation portera ses fruits. On aura par conséquent le temps de profiter des encaisses provenant de l'extinction des comptes courants. En effet, ni la distillerie, ni la filature des cocons, ni l'égrenage du coton, ni les appareils pour l'extraction de l'huile d'olive et pour la fabrication du lin, ne seront nécessaires avant la fin de la cinquième année ou le commencement de la sixième. La minoterie et les fromageries seulement pourront exiger un plus prompt établissement, sans cependant qu'elles puissent, dans aucun cas, devancer le développement progressif du défrichement.

D'ailleurs, quand même on retarderait de quelques années l'établissement de ces usines, la marche de l'exploitation ne resterait nullement entravée, puisqu'on trouverait toujours un débouché ouvert dans les bureaux d'achat de l'Etat.

Examinons à présent si la somme de 500,000 fr., dont pourra disposer la Compagnie lors de la clôture des comptes courants, peut suffire à la construction des usines, à l'achat des machines et généralement à tous les frais qui s'y rattachent.

Notons à peu près, et en chiffres ronds, la somme qui serait nécessaire pour les machines et pour les bâtiments.

Une minoterie complète, (la seule machine à vapeur pour

15,000 hectolitres de blé et desservie par 15 ouvriers, coûte de 15 à
20,000 fr.)   50,000

N° 10, fromageries à raison de 8,000 fr. chacune. . .   80,000

Usine et appareils pour la distillerie.   60,000

Constructions de 2,000 ruches et frais pour se procurer
les abeilles.   20,000

Appareils pour le procédé subrogeant la macération
du lin.   20,000

Magnanerie, filature et annexes.   40,000

Machines pour l'égrenage du coton.   25,000

Appareils et machines pour l'huile d'olive, pour les vins
et leur conservation.   30,000

Achat de machines agricoles et ustensiles.   15,000

Total : fr. 340,000

Il nous resterait encore un capital roulant de 160,000 fr. pour le
salaire des ouvriers et tous autres frais.

Nous ne comptons pas le capital qui serait nécessaire pour l'acquisition des matières premières, puisqu'elles sont fournies par les colons, avec lesquels on règle les comptes à la fin de l'année, de
sorte que la Compagnie aura le temps de vendre ses produits manufacturés avant même d'avoir payé les matières premières, et c'est
justement parce qu'elle peut se passer de ce capital qu'elle réalise
ces bénéfices. D'ailleurs, cette avance ou, pour mieux dire, ce dépôt
que le colon fait à la Compagnie, constitue une nouvelle garantie en
faveur de cette dernière pour la dette du compte courant ouvert au
colon.

Nous sommes intimement convaincu que le capital, ainsi que le
temps dans lequel il devient disponible, répondent parfaitement aux
besoins de l'exploitation industrielle; néanmoins, si dans la constitution de la Société, on voulait décréter une légère augmentation
du fonds social, cela ne pourrait que faciliter les opérations industrielles de la Compagnie, sans qu'il y eût de modification sensible
dans les dividendes.

Par ce que nous venons d'exposer, nous croyons avoir suffisamment prouvé que de l'agriculture développée suivant les méthodes
par nous indiquées, doit nécessairement résulter l'aisance du colon,
ce qui constitue le plus fort stimulant à l'émigration, et la prospérité
de la Compagnie, et nous croyons aussi avoir démontré qu'en réu-
nissant sur le même terrain l'agriculture à l'industrie, nous avons
doublé les éléments de bénéfice et de prospérité de la Compagnie, en
favorisant le développement de la colonisation.

En associant le capital au travail, nous avons, en nous servant de
sa force matérielle, fait d'un laboureur pauvre un fermier aisé, et,
en associant l'industrie à l'agriculture, nous avons fait de ce fermier
un être intelligent, auquel nous prêtons les lumières de la science
moderne, pour qu'il puisse contribuer, par le progrès des idées, à
la consolidation de l'avenir de l'Algérie.

Paris — Imp. de Dubuisson et Cᵉ, r. Coq-Héron, 5.